生命科学实验指南系列

实验细胞资源的描述标准与管理规范

刘玉琴 主编

科学出版社

北京

内 容 简 介

实验细胞资源平台的工作内容包括：技术规范研究制定、实验细胞实物库建设、信息库建设、质量检测及评价体系建设、共享体系建设及人才队伍建设。其中实验细胞描述规范的研究制定是实施实验细胞资源有效收集、整理及保藏的前提条件。

本书在各项目工作的基础上，参考了国内外相关资料并结合我国具体情况，进一步修改完善了实验细胞资源共性描述规范，结合平台建设，新制定了实验细胞资源保藏机构应具备的一系列制度和规章，为实验细胞资源实现标准化整理、整合共享提供完整的技术支撑。

本书可供所有实验细胞保藏单位借鉴、参考。

图书在版编目(CIP)数据

实验细胞资源的描述标准与管理规范/刘玉琴主编. —北京：科学出版社，2008

（生命科学实验指南系列）

ISBN 978-7-03-021135-4

Ⅰ.实… Ⅱ.刘… Ⅲ.①实验-细胞-资源-描写-标准②实验-细胞-资源-管理-规范 Ⅳ.Q2-65

中国版本图书馆 CIP 数据核字(2008)第 031920 号

责任编辑：李 悦 席 慧/责任校对：陈玉凤
责任印制：赵 博/封面设计：耕者设计工作室

科学出版社 出版
北京东黄城根北街 16 号
邮政编码：100717
http://www.sciencep.com

北京厚诚则铭印刷科技有限公司印刷
科学出版社发行 各地新华书店经销

*

2008 年 5 月第 一 版　开本：720×1000 1/16
2025 年 3 月第四次印刷　印张：11 3/4
字数：227 000

定价：98.00 元

（如有印装质量问题，我社负责调换）

《实验细胞资源的描述标准与管理规范》编写委员会

主　　编　刘玉琴

副 主 编　葛锡锐　郑从义　裴雪涛

参编人员　（按姓氏汉语拼音排序）

陈松华　中国科学院上海生命科学研究院
陈志南　第四军医大学
葛锡锐　中国科学院上海生命科学研究院
李　玲　第四军医大学
刘玉琴　中国医学科学院基础医学研究所
孟淑芳　中国药品生物制品检定所
佴文惠　中国科学院昆明动物研究所
裴雪涛　军事医学科学院野战输血研究所
王春景　中国医学科学院基础医学研究所
王金焕　中国科学院昆明动物研究所
王佑春　中国药品生物制品检定所
闫　舫　军事医学科学院野战输血研究所
张　宏　中国医学科学院基础医学研究所
郑从义　武汉大学

审　　订　章静波　中国医学科学院基础医学研究所

顾　　问　许增泰　科技部农村科技司

前 言

细胞是一切有机体的基本生命单位，它具备生物固有的生命特征和功能特性，以及包括遗传基因在内的生命信息。生命的各种奥秘均可在细胞内寻找。体外培养的各种实验细胞已广泛用于生命和疾病研究的各个方面，可部分代替动物实验，是可复制再生、非常经济的研究材料。实验细胞可为生命科学和医学的基础研究、生物技术产业化、生物遗传资源的保护以及医疗卫生事业的发展提供重要的支撑条件和技术手段。

国家自然科技资源共享平台项目是科技部和财政部共同立项，各资源领域主管部门积极参与，科技部农村科技司精心组织实施，卫生部科技教育司具体指导并得到中国医学科学院支持及全国有关部门、单位的大力协助。科技部在2003年度进行的科技条件平台试点工作中就已包含了实验细胞的内容。在《2004—2010年国家科技基础条件平台建设纲要》以及《"十一五"国家科技基础条件平台建设实施意见》中均指出需进行实验细胞资源的整合共享。科技部于2005年启动的实验材料和标准物质共享平台建设，旨在对相应领域的自然科技资源及其信息资源进行整合和系统优化，促进资源的高效共享和综合利用，提高我国的科技创新能力。

目前我国的实验细胞资源分散保藏在全国不同地区、不同领域、不同部门所属的不同单位。以前各单位均按照各自的方式整理、保藏细胞。因此对实验细胞保藏工作的认识有待统一和提高，资源保藏规模有待扩大、资源质量标准有待规范、资源质量有待提高、资源的数字化和网络化水平有待提高。科技部以新的工作思路、新的工作机制以及强有力的协调和领导，以技术标准和描述规范为先导，信息化网络化为手段，资源共享为核心，开展实验细胞平台建设，极大地推进了实验资源保藏领域的进展。

"实验细胞资源的标准化整理、整合与共享"是该平台的三项工作内容之一，属实验材料范畴。同其他资源平台一样，实验细胞资源平台的工作内容包括：技术规范研究制定、实验细胞实物库建设、信息库建设、质量检测及评价体系建设、共享体系建设及人才队伍建设。其中实验细胞描述规范的研究制定是实施实验细胞资源有效收集、整理及保藏的前提条件。

本书在各项工作的基础上，参考了国内外相关资料并结合我国具体情况，进一步修改、完善了实验细胞资源共性描述规范，结合平台建设，新制定了实验细胞资源保藏机构应具备的一系列制度和规章，为实验细胞资源实现标准化整理、整合共享提供完整的技术支撑。本书供所有实验细胞保藏单位借鉴、参考，为全社会所知、所用，以促进我国实验细胞资源的建设并与国际接轨。

参加本书编著的人员来自全国各主要实验细胞资源保藏单位，其中中国医学科学院基础医学研究所基础医学细胞中心、中国科学院上海生命科学研究院细胞资源保藏中心、武汉大学中国典型培养物保藏中心、中国科学院昆明动物研究所、第四军医大学细胞工程研究中心、中国药品生物制品检定所、军事医学科学院野战输血研究所等，均参加了科技部实验细胞资源平台的建设。由于编者的知识水平等方面的局限，不足之处在所难免，恳请读者指正，以便改进，更好地开展工作。

编　者

2007年10月20日

目 录

前言

第一部分 实验细胞资源的描述规范

第一章 实验材料描述规范（试行） ………………………………………… 3
第二章 肿瘤细胞资源描述规范（试行） ……………………………………… 16
第三章 杂交瘤细胞资源描述规范（试行） …………………………………… 28
第四章 基因修饰细胞资源描述规范（试行） ………………………………… 35
第五章 有限培养细胞资源描述规范（试行） ………………………………… 43
第六章 干细胞资源描述规范（试行） ………………………………………… 49
第七章 生物制品生产用细胞资源描述规范（试行） ………………………… 64
第八章 原代培养细胞资源描述规范 …………………………………………… 74

第二部分 实验细胞资源保藏机构（中心/库）管理规范

第九章 总则 ……………………………………………………………………… 83
  第一节 实验细胞资源保藏机构（中心/库）的作用及意义 ……………… 83
  第二节 实验细胞资源保藏机构（中心/库）的工作内容 ………………… 85
第十章 实验细胞资源保藏机构管理体系 ……………………………………… 88
  第一节 实验细胞资源中心/库的机构设置 ………………………………… 88
  第二节 实验细胞资源保藏机构（中心/库）的人员要求 ………………… 88
  第三节 实验细胞资源保藏机构（中心/库）的硬件条件 ………………… 89
  第四节 实验细胞资源保藏机构（中心/库）的各种管理规章 …………… 94
  第五节 P2实验室管理规章 ………………………………………………… 101

第三部分 细胞培养相关部分标准操作规程

第十一章 细胞培养操作规程 …………………………………………………… 109
  操作规程1 细胞原代培养 …………………………………………………… 109
  操作规程2 细胞传代培养 …………………………………………………… 112
  操作规程3 细胞的冻存和复苏 ……………………………………………… 113
  操作规程4 小鼠胚胎成纤维细胞（MEF）的制备 ………………………… 114
第十二章 细胞质量控制操作规程 ……………………………………………… 116
  操作规程5 PCR法检测支原体 ……………………………………………… 116

操作规程 6　DNA 染色法（荧光法）检测支原体 ………………………………… 118
操作规程 7　培养法检测支原体 …………………………………………………… 120
操作规程 8　支原体的扫描电镜检测 ……………………………………………… 123
操作规程 9　细胞污染支原体的清除方法一 ……………………………………… 124
操作规程 10　支原体的清除方法二 ………………………………………………… 124
操作规程 11　染色体制备操作流程 ………………………………………………… 125
操作规程 12　细胞 DNA 指纹检查 ………………………………………………… 127
操作规程 13　血清的使用及质量控制 ……………………………………………… 130
操作规程 14　同工酶检测 …………………………………………………………… 131

附录　实验细胞平台收藏细胞目录 ……………………………………………………… 135

第一部分
实验细胞资源的描述规范

第一章　实验材料描述规范（试行）

一、引　　言

根据国家自然科技资源平台建设的总体目标，研究制定国家自然科技资源平台实验材料资源共性描述规范，以整合全国实验材料资源，规范实验材料资源的收集、保存、鉴定、评价、研究和利用，实现实验材料资源的充分共享和可持续利用。

二、共性描述规范制定原则和方法

（一）原　　则

(1) 既要考虑利用者的需要，也要考虑资源收藏者的实际情况；
(2) 结合当前和长远发展需要，以资源共享为主要目标；
(3) 优先考虑我国现有基础，兼顾将来发展；
(4) 统一实验材料资源共性信息，统一描述项目；
(5) 讲求实效，注重可操作性。

（二）方　　法

1. 描述符类别分为 6 类
　　(1) 护照信息。
　　(2) 标记信息。
　　(3) 基本特征特性描述信息。
　　(4) 其他描述信息。
　　(5) 收藏单位信息。
　　(6) 共享信息。

2. 描述符编码
　　由描述符类别加两位顺序号组成，如"101"、"202"、"301"等。

3. 描述符的代码应有序

三、实验材料资源共性描述规范

（一）范　围

本规范规定了实验材料资源统一的共性描述符及其分级标准。

本规范适用于实验材料资源的收集、整理和保存，数据标准和数据质量控制规范的制定，以及数据库和信息共享网络系统的建立。

（二）规范性引用文件

下列文件中的条款通过本规范的引用而成为本规范的条款。凡是已注明日期的引用文件，其随后所有的修改单（不包括勘误的内容）或修订版均不适用于本规范，然而，鼓励根据本规范达成协议的各方研究是否可使用这些文件的最新版本。凡是未注明日期的引用文件，其最新版本适用于本规范。

GB/T 2659 世界各国和地区名称代码

GB/T 2260 中华人民共和国行政区划代码

GB/T 12404 单位隶属关系代码

（三）护照信息

1. 平台资源号

国家自然科技资源 e 平台统一生成的资源编号。

2. 资源编号

实验材料资源统一编号。

3. 资源名称

每份实验材料资源的中文名称。有特殊需要时，可选用本领域公认和约定俗成的名称。

4. 资源外文名

国外引进实验材料的外文名（引用顺序：英文、资源原产国文或拉丁文）；国内引进实验材料的汉语拼音或通用英文名称。

5. 研制培育机构/人

每种实验材料的原研制或培育机构/人。

6. 研制培育年份

（1）实验动物：品种、品系培育成功的年份。

（2）实验细胞：细胞建系株成功的年份。

（3）微生物培养基：研制成功的年份。

7. 来源

该资源最近一次引进的单位名称以及时间。实验细胞填写"引进"或"自建"以及相应的时间。

（四）标记信息

1. 资源归类编码

国家自然科技资源平台资源分级归类与编码标准中的编码。

2. 代数

代数是指实验动物或实验细胞的繁殖代数，由引入资源库的代数＋引入资源库后的代数构成。如果引入资源库前的代数不详，可以用"？"表示。在代数后的括号中表示出该代数的时间。

3. 主要特性

实验材料资源的主要特性。

（1）实验动物：常用动物、模型动物、基因突变动物、遗传修饰动物、其他。

（2）实验细胞：贴壁生长、悬浮生长。

（3）微生物培养基：液体、流体、半固体、固体。

4. 主要用途

实验材料资源的主要用途。

（1）实验动物：研究、生产、检定、教学。

（2）实验细胞：研究、生产、检测、教学。

（3）微生物培养基：研究、生产、检测、教学。

（五）基本特征特性描述信息

1. 微生物质控

实验材料资源的微生物质量控制。

（1）实验动物：普通级、清洁级、SPF级、无菌级。

（2）实验细胞：无外源微生物污染（具体描述质控微生物）。

（3）微生物培养基：针对每一种培养基确定质控微生物的菌株及指标。

2. 遗传特性

（1）实验动物：近交系、远交群、基因突变系、遗传修饰系、其他。

（2）实验细胞：原代培养细胞、有限细胞系、连续细胞系。

（3）微生物培养基：空项。

3. 组织器官来源

（1）实验细胞：正常组织、肿瘤组织、其他。

（2）实验动物：空项。

（3）微生物培养基：空项。

4. 理化指标

（1）微生物培养基：性状、pH值、凝胶强度、澄清度、色泽、干燥失重、其他。

（2）实验动物：空项。

（3）实验细胞：空项。

5. 特征特性

实验材料资源的主要特征、特性（如分子标记等）。

（1）实验动物：体型、体重（成年动物的正常体重）、毛色、其他。

（2）实验细胞：遗传标志、免疫标志、生化特性。

（3）微生物培养基：空项。

（六）其他描述信息

1. 图像

实验材料资源的图像信息。图像格式为.jpg。

2. 记录地址

提供实验材料资源详细信息的网址或数据库记录链接。

（七）保存单位信息

1. 保存单位

实验材料资源的保存单位名称。

2. 单位编号

实验材料在保存单位内的编号。

3. 库编号

实验材料在保存单位资源库中的编号。

4. 引种号

实验材料资源从国外引入时的编号。

5. 保存资源类型

保存的实验材料类型。

（1）实验动物：活体动物、胚胎、受精卵、精子、卵子。

（2）实验细胞：二倍体细胞、永生化细胞、肿瘤细胞、杂交瘤细胞、干细胞、其他。

（3）微生物培养基：干粉、新鲜（即用型）。

6. 保存方式

（1）实验动物：冷冻保存、活体繁殖。

（2）实验细胞：冷冻、活细胞。

（3）微生物培养基：瓶装、一次性包装。

7. 保存条件

(1) 实验动物：普通环境、屏障环境、隔离环境、冷冻。

(2) 实验细胞：液氮（−196℃）、其他（具体描述）。

(3) 微生物培养基：低温、常温、避光、干燥。

8. 实物状态

实验材料实物的状态：

(1) 可用。

(2) 不可用。

(3) 无实物。

（八）共 享 信 息

1. 共享方式

实验材料资源的共享方式：

(1) 公益性共享。

(2) 公益性借用共享。

(3) 合作研究共享。

(4) 知识产权性交易共享。

(5) 资源纯交易性共享。

(6) 资源租赁性共享。

(7) 资源交换性共享。

(8) 收藏地共享。

(9) 行政许可性共享。

2. 获取途径

获得实验材料资源的途径。

邮寄托运、现场获取（包括定点送货）。

3. 运输条件

保温、常温、通风换气、等级包装箱、其他。

4. 联系方式

获取实验材料资源的联系方式。

网上定购、电话、传真、E-mail、其他。

5. 联系地址

包括联系人、单位、邮编、地址、电话、传真、E-mail等。

6. 源数据主键

连接实验材料特性数据的主键值。

四、共性描述规范

（一）共性描述表

表1-1 实验材料资源共性描述表

护照信息	
平台资源号(1)	资源编号(2)
资源名称(3)	资源外文名(4)
研制培育机构/人(5)	研制培育年份(6)
来源(7)	
标记信息	
资源归类编码(8)	
代数(9)	
主要特性(10)	实验动物:1.常用动物 2.模型动物 3.基因突变动物 4.遗传修饰动物 5.其他 实验细胞:1.贴壁生长 2.悬浮生长 微生物培养基:1.液体 2.流体 3.半固体 4.固体
主要用途(11)	实验动物:1.研究 2.生产 3.检定 4.教学 实验细胞:1.研究 2.生产 3.检测 4.教学 微生物培养基:1.研究 2.生产 3.检测 4.教学
基本特征特性描述信息	
微生物质控(12)	实验动物:1.普通级 2.清洁级 3.SPF级 4.无菌级 实验细胞:无外源微生物污染 微生物培养基:针对每一种培养基确定质控微生物的菌株及指标
遗传特征(13)	实验动物:1.近交系 2.远交群 3.基因突变系 4.遗传修饰系 5.其他 实验细胞:1.原代培养细胞 2.有限细胞系 3.连续细胞系 微生物培养基:空项
组织器官来源(14)	实验细胞:1.正常组织 2.肿瘤组织 3.其他 实验动物:空项 微生物培养基:空项
理化指标(15)	微生物培养基:1.性状 2.pH值 3.凝胶强度 4.澄清度 5.色泽 6.干燥失重 7.其他 实验动物:空项 实验细胞:空项
基本特征特性描述信息	
特征特性(16)	实验动物:1.体型 2.体重 3.毛色 4.其他 实验细胞:1.遗传标志 2.免疫标志 3.生化特性 微生物培养基:空项

续表

其他描述信息			
图像(17)		记录地址(18)	相关专业网站的网址
保存单位信息			
保存单位(19)		单位编号(20)	
库编号(21)		引种号(22)	
保存资源类型(23)	实验动物:1.活体动物 2.胚胎 3.受精卵 4.精子 5.卵子 实验细胞:1.二倍体细胞 2.永生化细胞 3.肿瘤细胞 4.杂交瘤细胞 　　　　　5.干细胞 6.其他 微生物培养基:1.干粉 2.新鲜(即用型)		
保存方式(24)	实验动物:1.冷冻保存 2.活体繁殖 实验细胞:1.冷冻 2.活细胞 微生物培养基:1.瓶装 2.一次性包装		
保存条件(25)	实验动物:1.普通环境 2.屏障环境 3.隔离环境 4.冷冻 实验细胞:1.液氮(-196℃) 2.其他 微生物培养基:1.低温 2.常温 3.避光 4.干燥		
实物状态(26)	1.可用 2.不可用 3.无实物		
共享信息			
共享方式(27)	1.公益性共享 2.公益性借用共享 3.合作研究共享 4.知识产权性交易共享 5.资源纯交易性共享 6.资源租赁性共享 7.资源交换性共享 8.收藏地共享 9.行政许可性共享		
获取途径(28)	1.邮寄托运 2.现场获取(包括定点送货)		
运输条件(29)	1.保温 2.常温 3.通风换气 4.等级包装箱 5.其他		
联系方式(30)	1.网上订购 2.电话 3.传真 4.E-mail 5.其他		
联系信息(31)	包括联系人、单位、邮编、地址、电话、传真、E-mail等		
源数据主键(32)			

(二) 共性描述规范简表

表1-2 实验材料资源共性描述规范简表

序号	类别	编码	描述符	说明
1	1	101	平台资源号	e平台统一生成的资源编号
2	1	102	资源编号	实验材料原统一编号
3	1	103	资源名称	每份实验材料资源的中文名称
4	1	104	资源外文名	国外引进实验材料的外文名(引用顺序:英文、资源原产国文或拉丁文);国内引进实验材料的汉语拼音或通用英文名称

续表

序号	类别	编码	描述符	说明
5	1	105	研制培育机构/人	每种实验材料的原研制或培育机构/人
6	1	106	研制培育年份	实验动物:品种、品系培育成功的年份 实验细胞:细胞建系株成功的年份 微生物培养基:研制成功的年份
7	1	107	来源	该资源最近一次引进的单位以及时间
8	2	201	资源归类编码	国家自然科技资源平台资源分级归类与编码标准中的编码
9	2	202	代数	实验动物或实验细胞的繁殖代数
10	2	203	主要特性	实验动物:1. 常用动物 2. 模型动物 3. 基因突变动物 　　　　 4. 遗传修饰动物 5. 其他 实验细胞:1. 贴壁生长 2. 悬浮生长 微生物培养基:1. 液体 2. 流体 3. 半固体 4. 固体
11	2	204	主要用途	实验动物:1. 研究 2. 生产 3. 检定 4. 教学 实验细胞:1. 研究 2. 生产 3. 检测 4. 教学 微生物培养基:1. 研究 2. 生产 3. 检测 4. 教学
12	3	301	微生物质控	实验动物:普通级、清洁级、SPF级、无菌级 实验细胞:无外源微生物污染(具体描述质控微生物) 微生物培养基:针对每一种培养基确定质控微生物的菌株及指标
13	3	302	遗传特征	实验动物:1. 近交系 2. 远交群 3. 基因突变系 　　　　 4. 遗传修饰系 5. 其他 实验细胞:1. 原代培养细胞 2. 有限细胞系 3. 连续细胞系 微生物培养基:空项
14	3	303	组织器官来源	实验细胞:1. 正常组织 2. 肿瘤组织 3. 其他 实验动物:空项 微生物培养基:空项
15	3	304	理化指标	微生物培养基:1. 性状 2. pH值 3. 凝胶强度 4. 澄清度 　　　　　　 5. 色泽 6. 干燥失重 7. 其他 实验动物:空项 实验细胞:空项
16	3	305	特征特性	实验动物:1. 体型 2. 体重(成年动物的正常体重) 3. 毛色 　　　　 4. 其他 实验细胞:1. 遗传标志 2. 免疫标志 3. 生化特性 微生物培养基:空项
17	4	401	图像	照片
18	4	402	记录地址	提供实验材料资源详细信息的网址或相关数据库记录的链接
19	5	501	保存单位	实验材料资源保存单位的名称

续表

序号	类别	编码	描述符	说明
20	5	502	单位编号	实验材料在保存单位内的编号
21	5	503	库编号	实验材料在保存单位资源库内的编号
22	5	504	引种号	实验材料从国外引种时的编号
23	5	505	保存资源类型	实验动物:1. 活体动物 2. 胚胎 3. 受精卵 4. 精子 5. 卵子 实验细胞:1. 二倍体细胞 2. 永生化细胞 3. 肿瘤细胞 4. 杂交瘤细胞 5. 干细胞 6. 其他 微生物培养基:1. 干粉 2. 新鲜(即用型)
24	5	506	保存方式	实验动物:1. 冷冻保存 2. 活体繁殖 实验细胞:1. 冷冻 2. 活细胞 微生物培养基:1. 瓶装 2. 一次性包装
25	5	507	保存条件	实验动物:1. 普通环境 2. 屏障环境 3. 隔离环境 4. 冷冻 实验细胞:1. 液氮(－196℃) 2. 其他(具体描述) 微生物培养基:1. 低温 2. 常温 3. 避光 4. 干燥
26	5	508	实物状态	实验材料实物的状态,如可用、不可用、无实物等
27	6	601	共享方式	公益性共享、公益借用共享、合作研究共享、知识产权性交易共享、资源纯交易性共享、资源租赁性共享、资源交换性共享、收藏地共享、行政许可性共享等
28	6	602	获取途径	1. 邮寄托运 2. 现场获取(包括定点送货)
29	6	603	运输条件	1. 保温 2. 常温 3. 通风换气 4. 等级包装箱 5. 其他
30	6	604	联系方式	1. 网上订购 2. 电话 3. 传真 4. E-mail 5. 其他
31	6	605	联系信息	包括联系人、单位、邮编、地址、电话、传真、E-mail等
32	6	606	源数据主键	连接实验材料特性数据的主键值

五、附件 共性描述示例

表1-3 实验材料资源(实验动物部分)描述示例

护照信息			
平台资源号(1)	3111C0001000000001	资源编号(2)	
资源名称(3)	BALB/c小鼠	资源外文名(4)	BALB/c mouse
研制培育机构/人(5)	Mac Dowell	研制培育年份(6)	1932年
来源(7)	上海		

续表

标记信息	
资源归类编码(8)	31111100000
代数(9)	F？＋F45
主要特性(10)	**1. 常用动物**　2. 模型动物　3. 基因突变动物　4. 遗传修饰动物　5. 其他
主要用途(11)	**1. 研究**　2. 生产　3. 检定　4. 教学
基本特征特性描述信息	
微生物质控(12)	1. 普通级　2. 清洁级　**3. SPF级**　4. 无菌级
遗传特性(13)	**1. 近交系**　2. 远交群　3. 基因突变系　4. 遗传修饰系　5. 其他
组织器官来源(14)	/
理化指标(15)	/
特征特性(16)	1. 体型小　2. 成年体重：22～27g　3. 白色

其他描述信息			
图像(17)	3111C0001000 0000001.jpg	记录地址(18)	http://www.nicpbp.org.cn/query.asp? 平台资源号＝3111C0001000000001

保存单位信息			
保存单位(19)	国家啮齿类实验动物种子中心	单位编号(20)	/
库编号(21)	/	引种号(22)	/
保存资源类型(23)	**1. 活体动物**　2. 胚胎		
保存方式(24)	1. 冷冻保存　**2. 活体繁殖**		
保存条件(25)	**1. 屏障环境**　2. 冷冻		
实物状态(26)	**1. 可用**　2. 不可用　3. 无实物		

共享信息	
共享方式(27)	1. 公益性共享　2. 公益性借用共享　**3. 合作研究共享**　4. 知识产权性交易共享　5. 资源纯交易性共享　6. 资源租赁性共享　7. 资源交换性共享　8. 收藏地共享　9. 行政许可性共享
获取途径(28)	1. 邮寄托运　**2. 现场获取(包括定点送货)**
运输条件(29)	1. 保温　**2. 通风换气**　3. 等级包装
联系方式(30)	1. 网上定购　**2. 电话**　3. 传真　4. E-mail
联系信息(31)	联系人：岳秉飞　单位：国家啮齿类实验动物种子中心 地址：北京东铁营顺四条10号　邮编：100078 电话：010-67624775　传真：67678484 E-mail：lacyue@public.bta.net.cn
源数据主键(32)	3111C0001000000001

表1-4 实验材料资源(实验细胞部分)描述示例

护照信息			
平台资源号(1)	3111C0002000000001	资源编号(2)	
资源名称(3)	人宫颈癌细胞	资源外文名(4)	HeLa
研制培育机构/人(5)	Gey	研制培育年份(6)	1951年
来源(7)	引进		
标记信息			
资源归类编码(8)	31151115123		
代数(9)	不详		
主要特性(10)	**1. 贴壁生长**　2. 悬浮生长		
主要用途(11)	**1. 研究**　2. 生产　3. 检测　4. 教学		
基本特征特性描述信息			
微生物质控(12)	无外源微生物污染		
遗传特征(13)	1. 原代培养细胞　2. 有限细胞系　**3. 连续细胞系**		
组织器官来源(14)	1. 正常组织　**2. 肿瘤组织**　3. 其他		
理化指标(15)	/		
基本特征特性描述信息			
特征特性(16)	HPV阳性		
其他描述信息			
图像(17)	3111C0002000000001.jpg	记录地址(18)	http://atcc.org.cn/query.asp？平台资源号=3111C0002000000001
保存单位信息			
保存单位(19)	中国医学科学院基础医学研究所	单位编号(20)	/
库编号(21)	0011	引种号(22)	0011
保存资源类型(23)	1. 二倍体细胞　2. 永生化细胞　**3. 肿瘤细胞**　4. 杂交瘤细胞　5. 干细胞　6. 其他		
保存方式(24)	**1. 冷冻**　2. 活细胞		
保存条件(25)	**1. 液氮(-196℃)**　2. 其他		
实物状态(26)	**1. 可用**　2. 不可用　3. 无实物		
共享信息			
共享方式(27)	1. 公益性共享　2. 公益性借用共享　**3. 合作研究共享**　4. 知识产权性交易共享　5. 资源纯交易性共享　6. 资源租赁性共享　7. 资源交换性共享　8. 收藏地共享　9. 行政许可性共享		
获取途径(28)	1. 邮寄托运　**2. 现场获取**		
运输条件(29)	1. 常温　**2. 活细胞培养瓶中密封**		
联系方式(30)	1. 网上定购　**2. 电话**　3. 传真　4. E-mail		
联系信息(31)	联系人：刘玉琴　单位：中国医学科学院基础医学研究所　邮编：100005　电话：65296455　传真：65212041　E-mail：ccc@pumc.edu.cn		
源数据主键(32)	3111C0002000000001		

表 1-5　实验材料资源(微生物培养基部分)共性描述示例

护照信息			
平台资源号(1)	3111C0003000000001	资源编号(2)	
资源名称(3)	基础营养培养基	资源外文名(4)	Nutrient Agar
研制培育机构(5)	北京三药科技开发公司	研制培育年份(6)	2004 年
来源(7)	北京三药科技开发公司		
标记信息			
资源归类编码(8)	31131111101		
代数(9)	/		
主要特性(10)	1. 液体　2. 流体　3. 半固体　**4. 固体**		
主要用途(11)	**1. 研究**　2. 生产　3. 检测　4. 教学		
基本特征特性描述信息			
微生物质控(12)	大肠杆菌、粪肠球菌和铜绿假单胞菌为质控菌,均可生长良好		
遗传特征(13)	/		
组织器官来源(14)	/		
理化指标(15)	1. 性状:棕色可自由流动粉末　2. pH 值:6.8±0.2　3. 凝胶强度:＞500g/cm² 4. 澄清度:2.3%溶液应澄明无沉淀　5. 色泽:淡黄色　6. 干燥失重:＜5.0%		
基本特征特性描述信息			
特征特性(16)	/		
其他描述信息			
图像(17)	3111C0003000000001.jpg	记录地址(18)	http://www.enwei.com.cn/query.asp?平台资源号＝3111C0003000000001
保存单位信息			
保存单位(19)	北京三药科技开发公司	单位编号(20)	/
库编号(21)	/	引种号(22)	/
保存资源类型(23)	**1. 干粉**　2. 新鲜(即用型)		
保存方式(24)	**1. 瓶装**　2. 一次性包装		
保存条件(25)	1. 低温　**2. 常温**　**3. 避光**　**4. 干燥**		
实物状态(26)	**1. 可用**　2. 不可用　3. 无实物		
共享信息			
共享方式(27)	1. 公益性共享　2. 公益性借用共享　**3. 合作研究共享**　4. 知识产权性交易共享 5. 资源纯交易性共享　6. 资源租赁性共享　7. 资源交换性共享　8. 收藏地共享 9. 行政许可性共享		
获取途径(28)	1. 邮寄托运　2. 现场获取(包括定点送货)		
运输条件(29)	常温		
联系方式(30)	**1. 电话**　2. 传真		

续表

	共享信息
联系信息(31)	联系人:李永红　单位:北京三药科技开发公司　邮编:100050 地址:北京市崇文区天坛西里2号 电话:010-67029840　传真:010-67029840
源数据主键(32)	3111C0003000000001

起草单位：实验细胞资源平台项目组

修改执笔人：刘玉琴

2006年7月

第二章 肿瘤细胞资源描述规范（试行）

一、引　言

自从1907年Harrison首创了组织培养方法以来，经过百年进展，人们不断认识到了组织培养的优点和重要性，在科学研究和探索中还积累了大量细胞株/系。特别是来源于肿瘤组织的细胞系，可长期在体外传代培养，已成为重要的科学实验源头研究材料和工具。为更好地建立、使用及妥善地管理细胞株系，特制定本描述规范。

二、适用范围

本描述规范明确了肿瘤细胞系资源的定义，提出了肿瘤细胞系资源的描述内容和描述规范。

本描述规范适用于肿瘤细胞资源的收集、整理和保存，数据标准和数据质量控制规范的制定，以及数据库和信息共享网络系统的建立。

三、规范性引用文献

国家及行政部门制定的法律、法规中有关条款被本技术规范引用即成为规范中的实质性条款。凡是注明日期的引用文件，其后所有的修改或修订版均不适用于本技术规范。未注明日期的引用文件，其最新版本适用于本技术规范。以下列出的引文是本技术规范制定的依据。

《实验材料资源共性描述规范》科技部自然科技资源平台联合管理办公室文件

《实验材料资源分类编码体系》科技部自然科技资源平台联合管理办公室文件

Culture of Animal Cells，R. Ian Freshney，JOHN WILEY & SONS，INC.，2007年，第五版[*]

---

[*] 本书中文版已出版，见：章静波等译. 2008.《动物细胞培养——基本技术指南》（第五版）. 北京：科学出版社。

WHO 最新版各种肿瘤的命名

四、定义和术语

1. 肿瘤细胞系的命名

新建肿瘤细胞系肿瘤的名称根据 WHO 最新版各种肿瘤的命名。已有细胞系沿袭原来名称。

2. 肿瘤细胞系、肿瘤细胞株

当原代培养的肿瘤细胞生长至单层汇合（confluence）时，便需要进行传代或再次培养（subculture）。原代培养的肿瘤细胞一旦传代，就称为肿瘤细胞系（cell line）。这个系的细胞是由许多在原代培养中就存在的表型相似或不同来源世系（lineage）所组成。它的生存期可以是有限的，也可以是连续的。肿瘤细胞株则是来自原代培养的肿瘤细胞系，经过选择或鉴定具有特殊性质或特别标记的细胞所形成的细胞群体，它也可以是有限的或是连续的。

3. 连续肿瘤细胞系

肿瘤细胞在体外连续培养半年以上（一般在18代以后），生长稳定，保持肿瘤细胞原有的特征并能连续传代。这样的肿瘤细胞群体称连续性肿瘤细胞系。原代培养的肿瘤细胞传代后容易形成连续细胞系，或者是由于体外进一步转化，或者是选择培养了其中的肿瘤细胞。细胞为单倍体或异倍体，具有无限增长能力，密度依赖性丧失，停泊依赖性丧失，血清依赖性降低，具有致瘤性。

4. 转移性肿瘤细胞系

根据肿瘤异质性的理论，原发性恶性肿瘤细胞群体中，并不是所有肿瘤细胞均具有侵袭和转移能力。连续性肿瘤细胞系在使用条件下，人为地选择、培育具有一定转移表型的肿瘤细胞亚群，并使其在一定载体宿主中转移表型趋于稳定。转移性肿瘤细胞的筛选方法包括：体内连续传代筛选；利用对淋巴细胞抗性筛选；穿膀胱壁筛选；密度梯度离心筛选；体内、体外联合筛选；单细胞克隆法；或利用高黏附、高运动、高水解酶、高血管形成等特性进行筛选。

5. 集落形成率（colony forming efficiency）或贴瓶率（plating efficiency）或软琼脂集落形成率

低密度接种细胞到培养皿、板或琼脂中，培养至集落形成，计算集落形成率（集落形成率＝集落数/接种细胞数×100%）。该指标代表培养细胞群体的增殖能力。

五、肿瘤细胞系描述规范制定的原则和方法

（一）描述原则

（1）描述标准、科学、准确、规范，条理力求完整、系统，内容翔实、清

楚。结合已有肿瘤细胞描述情况，与国际接轨。

（2）从实用出发，充分考虑资源利用者的需要，结合发展需要，以资源共享为主要目标。描述语言简明、流畅，能被相关专业人员理解。

（二）描述方法

兼顾共性和各性。包括：①必备要素（M），即必须描述的要素；②选择要素（O），描述内容视具体细胞系而定，描述肿瘤细胞系的突出特点。

六、肿瘤细胞系共性描述规范
（一）基 本 信 息

1. 细胞系中文名称（1）（M）

指明细胞系的中文名称或翻译的中文名称（如有别名应在括号中注明）。

2. 细胞系外文名称（2）（M）

指明细胞系的英文、拉丁文等外文名称，包括全名、缩写名、编号。

3. 平台资源号（3）（M）

国家自然科技资源 e 平台统一生成的资源编号，平台资源号为 18 位，前 9 位是资源单位编码，后 9 位是流水号，参见《实验细胞资源共性描述规范》。

4. 细胞系保藏编号（4）（M）

肿瘤细胞系资源在保藏机构的保藏编号，由前缀和细胞系编号两部分组成。前缀为保藏机构名称的英文缩写，前缀和细胞编号之间加短线。

5. 细胞系保藏日期（5）（M）

指明保藏机构收集、保藏该细胞的日期。格式为 YYYYMMDD，其中 YYYY 为年，MM 为月，DD 为日，如 20070715。

6. 细胞系保藏方式（6）（M）

指明细胞系长期保藏的方式，如液氮液相、气相。

7. 细胞系传代数（7）（O）

细胞自建立起的传代数或保藏机构所保藏该细胞的传代数。

（二）肿瘤细胞特性信息描述

1. 肿瘤细胞系来源的肿瘤组织描述规范（8）（M）

（1）应详细记录肿瘤组织种属来源，包括人、小鼠、大鼠、猴、狗、猪、其他。

（2）个体来源：患者姓名、种族、动物品系名称、年龄、性别。

（3）临床诊断、病理诊断（器官来源、组织来源），如肺腺癌、肝细胞癌、肾透明细胞癌等。

2. 肿瘤细胞系培养条件描述规范（9）（M）

（1）培养基：描述培养所需基础培养基的名称。

（2）血清：描述所使用的血清的级别和名称。

（3）抗生素使用：描述所使用的抗生素名称、级别、来源和剂量。

（4）特殊添加成分：描述需要添加成分的名称、级别、来源和使用剂量。

（5）孵育条件：描述孵育培养所需的 CO_2 浓度、温度、湿度。

3. 肿瘤细胞系传代情况描述规范（10）（M）

培养的肿瘤细胞生长至单层汇合或悬浮细胞生长达到一定浓度时，便需要进行传代培养，提供细胞生长所需空间。由一瓶细胞经分瓶培养后即称为传代一次。通常传代一次，一传二，培养细胞的代数就增加一代。一传三或四，培养细胞的代数就增加两代，以此类推。由于传代次数（passage number）不精确，连续肿瘤细胞系中肿瘤细胞的代数（传代次数），参考价值不大。更准确反映细胞"年龄"的指标应为细胞代增数（generation number）。细胞传代培养过程中，应尽可能以固定规律传代，详细记录传代次数，以便换算细胞代增数。

详细描述传代方法和传代次数。传代方法，包括使用的消化液的名称、浓度，传代细胞浓度和比率（1∶2～1∶10），传代次数依次累加。

4. 肿瘤细胞系冻存方法（11）（M）

详细描述所使用冻存液的成分，如基础培养基的名称、保护剂的种类、剂量等。描述冻存细胞的数量/密度，详细描述冻存过程，包括降温方法。

5. 肿瘤细胞系细胞形态特征描述规范（12）（M）

（1）光学显微镜特征（包括相差显微镜）：观察活细胞及固定染色后细胞的各种特征（圆形、多角形、梭形、长梭形），上皮细胞是否可见细胞间桥、分泌颗粒，进行描述和记录（如图2-1）。

（2）电子显微镜特征：表面突起（形态、数量）、细胞器（数量、形态）、细胞核（形态、大小比例）。

（3）原子力显微镜特征：用原子力显微镜观察到的形态特征、图像等。

（4）其他形态特征：如分子分布形态。

6. 肿瘤细胞系细胞生长特性描述规范（13）（M）

（1）细胞生长模式：贴壁生长、悬浮生长、兼性生长、重叠生长。

（2）细胞群体倍增时间。

（3）流式细胞周期分析（如图2-2）。

（4）集落形成率，或贴瓶率，或软琼脂集落形成率等指标。

7. 肿瘤细胞系染色体特征描述规范（14）（M）

描述染色体众数、主肿瘤系、染色体核型。观察有无标志染色体。描述染色

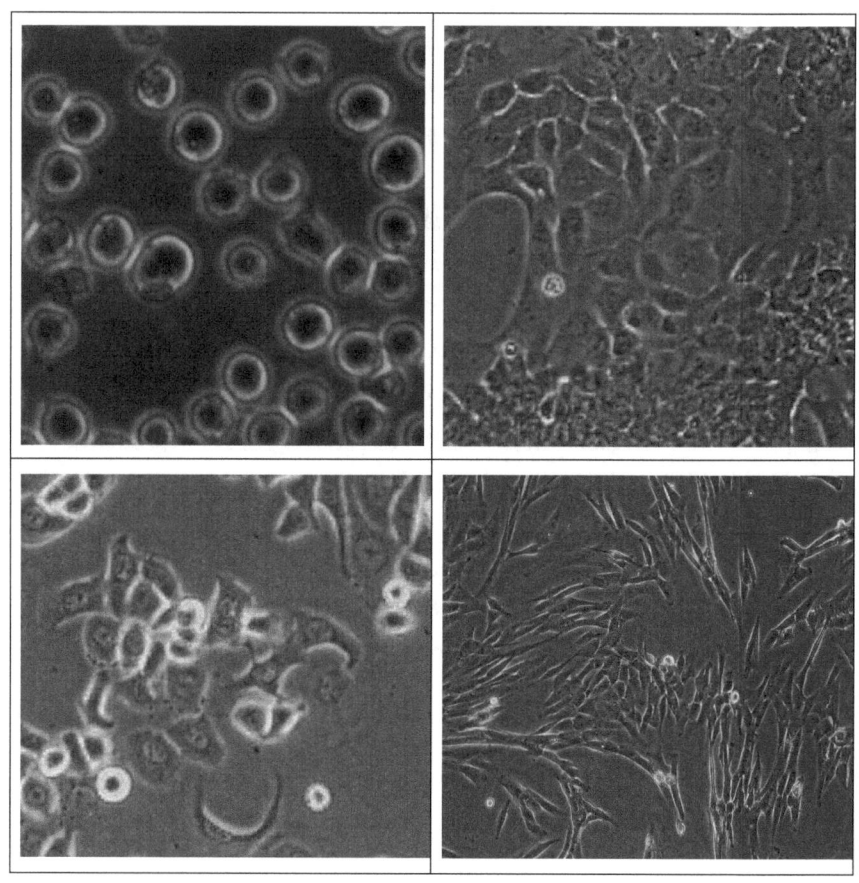

图 2-1 细胞的相差显微镜图像

体的 G 带分析结果。建系过程中及建系后最好在一定间隔时间检查染色体的稳定性。

8. 肿瘤细胞系细胞基因/分子表型特征描述规范（15）（M）

某些基因是否活化，产物表达是否变化，检测方法［PCR、Southern blot、Northern blot、免疫组化（如图 2-3）、Western blot 或其他］、参考文献等。通常是癌基因或抑癌基因（如 *ras*、*myc*、*p53*、*Rb* 等）的检测，其他特征包括肿瘤细胞所表达的受体、抗体等。依据肿瘤类型及参考文献尽可能全面描述。

9. 肿瘤细胞系细胞特殊标志物描述规范（16）（O）

有些肿瘤产生激素，如绒毛膜上皮癌细胞分泌促性腺激素、孕激素、雌激素等。肝癌细胞产生甲胎蛋白 AFP，黑色素瘤分泌黑色素；标志染色体；特异性蛋白；标志酶等可作为肿瘤细胞鉴定或鉴别的根据。本项描述与前项重复，鉴于习惯，仍保留该描述项。参考文献，尽可能全面描述。

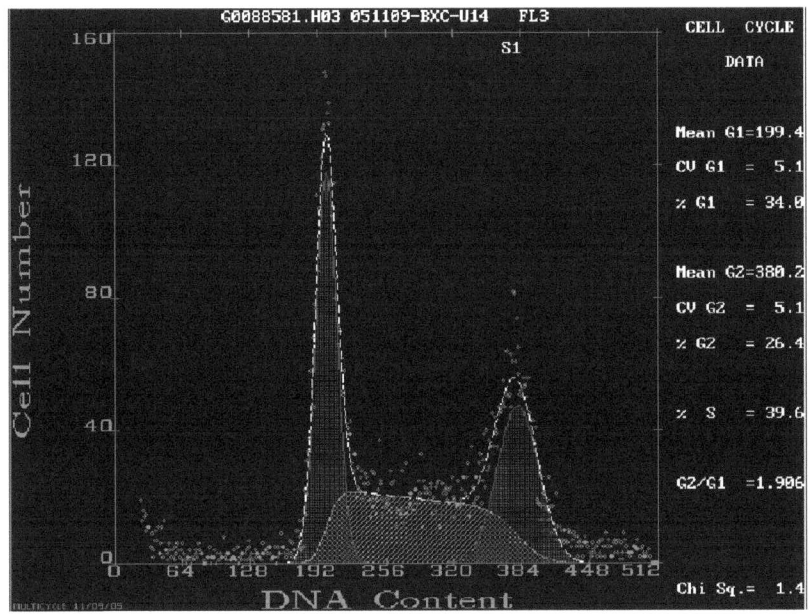

图 2-2 培养细胞流式细胞仪分析

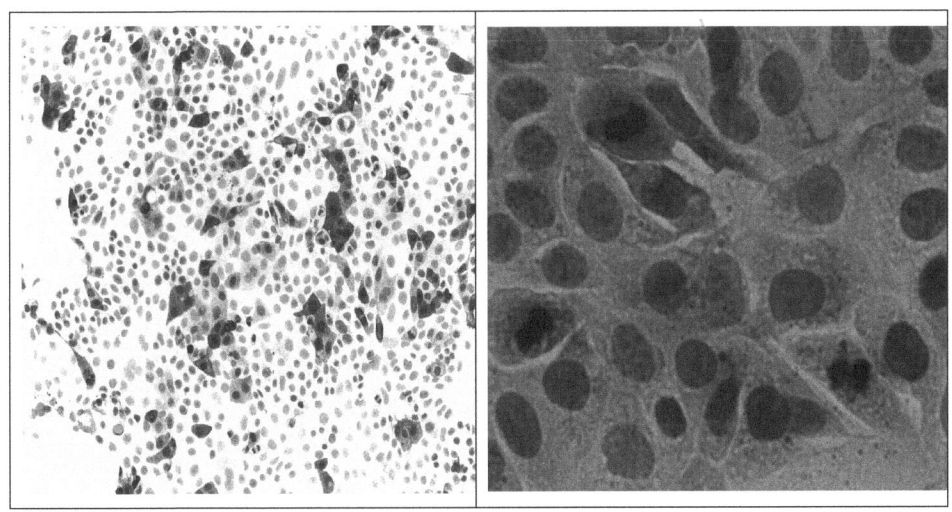

图 2-3 培养细胞免疫细胞化学检测分子表型特征

10. 肿瘤细胞系体内致瘤性描述规范（17）（O）

（1）移植宿主的名称：同种、异种、裸鼠。

（2）体内移植的部位：皮下、肌肉、腹腔等部位。

（3）观察成瘤潜伏期：一定数量肿瘤细胞移植一组动物（最好10只以上），

到有明确瘤可见结节所需的平均天数。

(4) 成瘤率：一定数量移植（最好 10 只以上），到荷瘤动物开始死亡，有肿瘤结节形成的动物数占总移植动物数的比率。

(5) 肿瘤组织学观察（与原发肿瘤对照）：细胞形态、细胞核形态、核仁数量、核分离相、细胞排列方式等。

(6) 荷瘤宿主寿命：一定数量肿瘤细胞移植一组动物（最好 10 只以上），所有荷瘤动物一直观察到死亡，平均存活天数。

11. 肿瘤细胞系体内转移性描述规范（18）（O）

对于转移性肿瘤细胞系，其体内转移能力要明确，包括转移率、转移程度和转移发生的速度。转移率是指肿瘤细胞移植于一组动物中，在一定时间内发生转移的动物数占移植肿瘤细胞的动物总数的百分比。转移程度表示在一个动物的某器官，如肺、肝脏内转移灶的数目的大小等。转移发生的速度从移植瘤细胞时算起，到转移发生时的时间。转移率最常用。

转移途径和转移器官的倾向性（器官亲和性），如选择性血道转移或淋巴道转移，选择性转移到肺、肝脏或脑等器官，如倾向显著，则同时明确。

12. 肿瘤细胞系种属鉴别描述规范（19）（O）

详细记录同工酶检测的种类和结果，如 LDH、G6PD、NP 或其他同工酶表达情况。便于检定细胞的真实可靠性，排除细胞系间交叉污染。细胞 DNA 指纹检测。

13. 肿瘤细胞系外源微生物污染情况描述规范（20）（M）

详细描述细胞支原体检查、真菌检测、细菌检测所用的方法和结果。原则上参加保藏的肿瘤细胞资源无外源微生物污染。

14. 肿瘤细胞系病毒携带情况描述规范（21）（O）

描述肿瘤细胞中内源病毒检查方法（PERT 法、电镜观察）和结果。描述肿瘤细胞中外源病毒检查方法和结果。

15. 肿瘤细胞图像信息（22）（O）

相差显微镜图像或其他图像，960×1024.jpg。

16. 肿瘤细胞参考文献（23）（O）

有关肿瘤细胞建系的文献和（或）证明肿瘤细胞特征特性的文献。

（三）肿瘤细胞系建立描述规范（24）（M）

1. 肿瘤细胞系建系的单位或个人

指明该肿瘤细胞系的建系单位或个人。中文按照姓＋名，英文姓名。

2. 肿瘤细胞系原产国或地区

肿瘤细胞系原产国家、地区的名称。

3. 培养日期

以公元记，××××年××月××日，如2007年07月15日。

4. 肿瘤细胞系保藏情况

指明该肿瘤细胞系在多个保藏机构转移、保藏情况。

（四）肿瘤细胞系保存及共享信息描述规范（25）（M）

(1) 保藏单位名称。
(2) 联系人。
(3) 联系电话。
(4) 联系传真。
(5) 通讯地址。
(6) 邮政编码。
(7) 电子邮件。
(8) 银行账户信息。
(9) 共享方式：指明是公益性共享、合作研究。
(10) 获取途径：指明是上门自取、邮寄或其他形式。
(11) 提供形式：指明是培养瓶中的活细胞、冻存管或其他形式。

表2-1 肿瘤细胞资源描述规范简表

序号	类别	编码	描述符	说明
1	1	101	细胞名称	肿瘤细胞资源的中、英文名称
2	1	102	保藏编号	肿瘤细胞资源的统一编号
3	1	103	收藏时间	肿瘤细胞资源收藏的时间
4	1	104	来源历史	肿瘤细胞资源的来源单位
5	1	105	其他保藏单位编号	肿瘤细胞资源在其他保藏单位的编号
6	1	106	分离人	肿瘤细胞分离者
7	1	107	分离时间	肿瘤细胞分离成功年份
8	2	201	组织来源	肿瘤细胞来源的组织
9	2	202	分离方法	包括组织取材、消化酶的种类及作用时间、离心的转速和时间、分离时所使用的其他试剂及浓度、作用时间、分离得到的细胞数量及细胞活力状况等
10	2	203	培养条件	包括培养时采用的培养基、pH值、CO_2浓度、温度、抗生素使用情况、添加成分、培养器皿、传代方法、冻存方法等
11	2	204	生长特性	包括肿瘤细胞倍增时间、生长特性、比生长速率等
12	2	205	细胞形态特征	包括肿瘤细胞形态、胞体积、细胞核大小、核仁数目等
13	2	206	细胞表型特征	各种肿瘤细胞表面标志的情况

续表

序号	类别	编码	描述符	说明
14	2	207	生物学特性	肿瘤细胞生长、转移等特性
15	2	208	染色体核型	肿瘤细胞的染色体核型及描述
16	3	301	图像信息	肿瘤细胞形态的图像及描述
17	3	302	参考文献	与肿瘤细胞相关的主要参考文献
18	4	401	收藏单位	收藏单位的名称
19	4	402	细胞保存方法	肿瘤细胞的保存方法
20	4	403	共享方式	肿瘤细胞共享的方式
21	4	404	提供形式	肿瘤细胞实物提供的方式
22	4	405	获取途径	获取肿瘤细胞的途径
23	4	406	联系人	包括姓名、单位、地址、电话、传真、E-mail等

表2-2 肿瘤细胞资源描述简表

基本信息			
细胞中文名称(1)		细胞英文名称(2)	
平台资源号(3)		保藏编号(4)	
收藏日期(5)		保藏方式(6)	
传代数(7)			
细胞特征特性描述信息			
组织来源(8)	组织来源种属： 姓名/品系名称： 临床诊断：		
培养条件(9)	基础培养基： 血清： 抗生素使用： 特殊添加成分： 培养箱：		
传代情况(10)	传代方法： 传代数：		
冻存方法(11)	冻存液： 细胞数量：		
细胞形态特征(12)	光镜形态： 电镜形态： 原子力显微镜形态： 其他：		

续表

基本信息		
遗传/细胞生长特性(13)	生长特性:贴壁、悬浮、兼性 细胞倍增时间: 周期分析: 贴壁效率/集落形成率	
染色体特征(14)		
分子表型特征(15)		
特殊标志物(16)		
体内致瘤性(17)		
体内转移性(18)		
种属鉴别(19)		
外源微生物(20)		
病毒携带情况(21)		
其他描述信息		
图像(22)		
参考文献(23)		
细胞系建立(24)	建系单位/个人: 国家/地区: 培养日期: 保藏情况:	
收藏单位信息及共享方式		
收藏单位(25)	单位名称: 联系人姓名: 地址/邮编: 电话:　　　　传真: E-mail:	
共享方式(26)		
提供形式(27)		获取途径(28)	

表 2-3　典型资源描述示例

基本信息			
细胞中文名称(1)	人子宫颈癌细胞	细胞英文名称(2)	HeLa
平台资源号(3)	3111C0001CCC000011	保藏编号(4)	ccc0011
收藏日期(5)	1999年12月31日	保藏方式(6)	液氮冷冻
传代数(7)	P130		

续表

细胞特征特性描述信息	
组织来源(8)	组织来源种属:人 姓名/品系名称:HeLa,女,31岁 临床诊断:子宫颈癌
培养条件(9)	基础培养基:RPMI1640 血清:10% 抗生素使用:无 特殊添加成分:无 孵育条件:5% CO_2、37℃、饱和湿度
传代情况(10)	消化液:0.05%胰蛋白酶加 0.02%EDTA 传代方法:1:4～1:6,3～5 天传一次
冻存方法(11)	冻存液:培养液加 10%DMSO 细胞数量:$2×10^6$ 个/冻存管
细胞形态特征(12)	光镜形态:上皮样 电镜形态: 原子力显微镜形态: 其他:
细胞生长特性(13)	生长特性:单层贴壁 细胞倍增时间:48h 周期分析: 贴壁效率/集落形成率:
遗传/染色体特征(14)	超三倍体、亚四倍体、多倍体
分子表型特征(15)	CK+、CK7+、CK8+、CK17+、CK18+、Vimetin+、HMB45-、GAFP-、desmin-
特殊标志物(16)	Hpv16+
体内致瘤性(17)	100%
体内转移性(18)	ND
种属鉴别(19)	LDH
外源微生物(20)	血平板细菌培养阴性,支原体 PCR 检测阴性
病毒携带情况(21)	HPV+,PCR:EBV-、HBV-、HCV-、HHV-8-、HIV-
其他描述信息	
图像(22)	见图 4
参考文献(23)	Scherer et al., J.Exp. Med.97;695～710(1953); Gey et al., Cancer Res. 12;246(1952)
细胞系建立(24)	建系单位/个人:Gey 国家/地区:美国 培养日期:1952 年 保藏情况:ATCC、DSMZ 等多家保藏机构

续表

收藏单位信息及共享方式			
收藏单位(25)	单位名称:中国医学科学院基础医学研究所 联系人姓名:刘玉琴　王春景 地址/邮编:北京东单三条5号,100005 电话:010-65286441,65296455,　传真:010-65296473 E-mail:ccc@pumc.edu.cn		
共享方式(26)	非盈利性共享		
提供形式(27)	培养瓶中活细胞	获取途径(28)	自取或邮寄

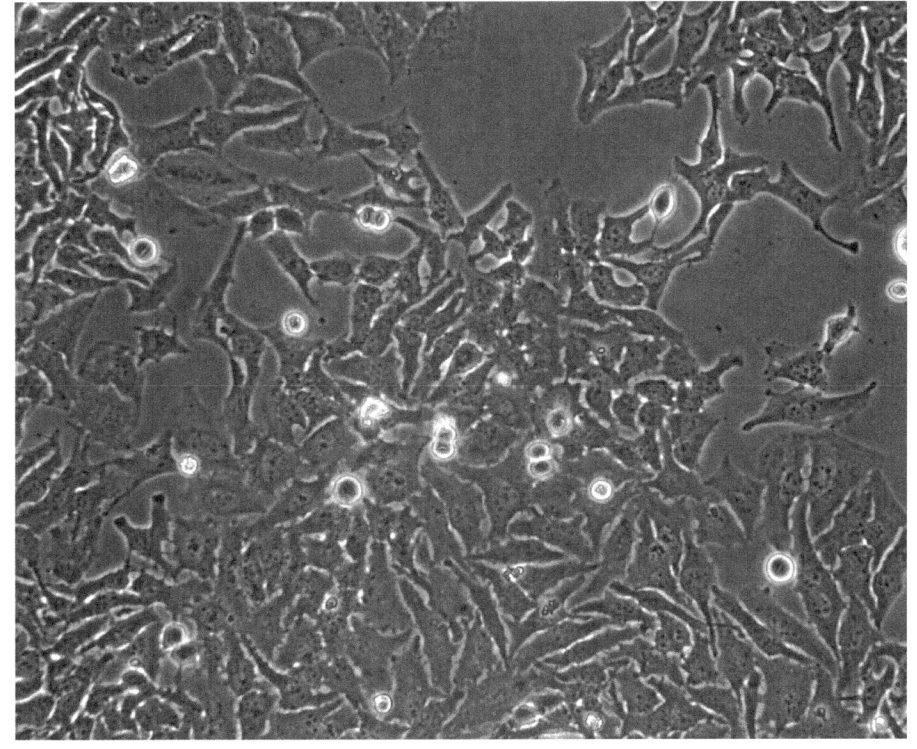

图2-4　HeLa细胞相差显微镜下的图像

起草单位：中国医学科学院基础医学研究所
修改执笔人：刘玉琴
2007年7月

主要参考文献

Ian Freshney R. 2007. Culture of Animal Cells. (5th ed). JOHN WILEY & SONS, INC.
高进，章静波. 2003. 癌的侵袭与转移——基础研究与临床. 北京：科学出版社

第三章 杂交瘤细胞资源描述规范（试行）

一、引 言

1975年Kohlerh和Milstein建立的杂交瘤技术，对现代生命科学的研究和发展起着巨大的推动作用。如今由杂交瘤细胞分泌制备的单克隆抗体已广泛地应用于基础研究的各个领域，同时在临床疾病的诊断和治疗中也得到了广泛的应用。在未来10来年内，单克隆抗体药物将会是国外生物医药领域发展的主旋律，且随着目前已上市品种销售额的不断增长及新品种的上市，单克隆抗体药物市场将会迅速攀升。

方兴未艾的研究与应用，致使杂交瘤细胞系数量与日俱增，成为实验细胞资源的重要组成部分。为了规范杂交瘤细胞系资源的收集、保藏、整理、整合、数据库构建与信息共享，特制定本描述规范。

二、适用范围

本描述规范明确了杂交瘤细胞系资源的定义，提出了杂交瘤细胞系资源的描述内容和描述规范。

本描述规范适用于杂交瘤细胞系资源的收集、保藏、整理、整合及资源数据库建立、信息共享网络平台构建。

三、规范性引文

国家及行政部门制定的法律、法规中有关条款被本技术规范引用即成为规范中的实质性条款。凡是注明日期的引用文件，其后所有的修改或修订版均不适用于本技术规范。未注明日期的引用文件，其最新版本适用于本技术规范。以下列出的引文是本技术规范制定的依据。

《中华人民共和国传染病防治法》十届人大常务委员会第十一次会议通过，2004
《病原微生物实验室生物安全管理条例》国务院令第424号，2004
《实验材料资源共性描述规范》科技部自然科技资源平台联合管理办公室文件
《实验材料资源分类编码体系》科技部自然科技资源平台联合管理办公室文件

四、定义和术语

本技术规范采用下列定义、术语。

（一）定　　义

杂交瘤细胞系（hybridoma cell line）

用杂交瘤技术将抗原免疫动物后，取脾或外周血淋巴细胞或经体外免疫获得的免疫淋巴细胞，与相应的骨髓瘤细胞融合后获得的稳定分泌特异抗体的种间融合细胞株。融合后的细胞具有双亲的细胞核，核内含有双亲细胞的染色体；既具有肿瘤细胞的无限增殖能力，又具有 B 淋巴细胞的抗体分泌特性。

其细胞来源包括免疫亲代细胞和骨髓瘤细胞。依据杂交瘤细胞融合时选用的细胞种类不同，杂交瘤细胞分为鼠-鼠杂交瘤细胞，人-鼠杂交瘤细胞，人-人杂交瘤细胞和兔-兔杂交瘤细胞。

1）鼠-鼠杂交瘤细胞

鼠脾或外周血淋巴细胞或经体外免疫获得的免疫淋巴细胞与鼠骨髓瘤细胞融合获得的稳定分泌特异抗体的杂交瘤细胞株。分泌抗体为鼠 Ig。

2）人-鼠杂交瘤细胞

人外周血淋巴细胞与鼠骨髓瘤细胞融合获得的稳定分泌特异抗体的杂交瘤细胞株。分泌抗体为人 Ig。

3）人-人杂交瘤细胞

人外周血淋巴细胞与人骨髓瘤细胞融合获得的稳定分泌特异抗体的杂交瘤细胞株。分泌抗体为人 Ig。

4）兔-兔杂交瘤细胞

兔脾细胞与兔浆细胞瘤细胞融合获得的稳定分泌特异抗体的杂交瘤细胞株。分泌抗体为兔 Ig。

（二）术　　语

1. 免疫原（immunogen）

能诱导机体产生特异性抗体分子并引发免疫应答的物质。

2. 细胞融合（cell fusion）

通过培养和诱导，两个或多个细胞合并成一个双核或多核细胞的过程称为细胞融合（cell fusion）或细胞杂交（cell hybridization）。

进行杂交瘤细胞融合时，末次免疫后第 3 天取脾制成细胞悬液，与骨髓瘤细胞按一定的比例混合并在融合剂的作用下或在电融合仪中按常规法或其他适宜的方法进行细胞融合。

3. 克隆（clone）及克隆化（cloning）

克隆也称无性繁殖系或简称无性系。对细胞来说，克隆是指由同一个祖先细胞通过有丝分裂产生的遗传性状一致的细胞群。

克隆化是使单个细胞通过无性繁殖而获得该细胞团的整个培养过程。

用 ELISA 或其他适宜方法筛选出分泌目的抗体的杂交瘤克隆经有限稀释法对其进行克隆化，直至获得具有稳定分泌单克隆抗体能力的杂交瘤细胞株。一般融合后获得的杂交瘤要经过 3 次左右的克隆化，达到 100％孔均为抗体阳性克隆为止。经克隆化获得的杂交瘤又称亚克隆。

五、杂交瘤细胞系描述规范制定的原则和方法

（一）描述原则

（1）描述标准科学规范，内容翔实系统，语言流畅准确，条理清楚完整，描述尽可能反映杂交瘤细胞系资源的最新研究进展。

（2）描述语言、内容、条目能被相关专业人员理解。

（二）描述方法

描述要素分为两部分：①必备要素，即必须描述的杂交瘤细胞共性特征；②选择要素，描述内容视具体细胞系而定，描述突出杂交瘤细胞株及其产物的个性特征。

六、杂交瘤细胞系资源信息描述规范

（一）基本信息

1. 平台资源号（1）

国家自然科技资源 e 平台统一生成的资源编号，平台资源号为 18 位，前 9 位是资源单位编码，后 9 位是流水号，参见《实验材料资源共性描述规范》。

2. 细胞系保藏编号（2）

杂交瘤细胞株资源在保藏机构的保藏编号，由前缀和细胞系编号两部分组成。前缀为保藏机构名称的英文缩写，前缀和细胞编号之间留半角空格（如 FMMU-HML001）。

3. 细胞系中文名称（3）

指明杂交瘤细胞株的中文名称（如有别名应在括号中注明）。

4. 细胞系外文名称（4）

指明杂交瘤细胞株的英文、拉丁文等外文名称，包括全名、缩写名、编号。

5. 细胞系保藏日期（5）

指明保藏机构收集、保藏该杂交瘤细胞的日期。格式为 YYYYMMDD，其

中YYYY为年，MM为月，DD为日。

6. 细胞系保藏方式（6）

指明杂交瘤细胞株长期保藏的方式，如液氮液相、气相。

7. 细胞系原始编号（7）

指明该杂交瘤细胞株的最初编号。

8. 细胞系来源（8）

指明获得该杂交瘤细胞株的途径。如细胞系转移经过多个保藏机构，则尽可能说明。

9. 细胞系原产国或地区（9）

指明该杂交瘤细胞株建株国家、地区的名称。

10. 细胞系建系的单位或个人（10）

指明该杂交瘤细胞系的建系单位或个人。

11. 细胞系建系日期（11）

指明该杂交瘤细胞株的最初构建、选择、鉴定日期。格式为YYYYMMDD，其中YYYY为年，MM为月，DD为日。

12. 细胞系生物危害程度（12）

细胞系的生物危害程度的分类，参照《病原微生物实验室生物安全管理条例》。

13. 致病对象（13）

细胞系的具体致病类群。指明是人类、动物、植物或微生物。

14. 疾病名称（14）

主要指引起疾病的名称及感染的组织部位。

15. 传播途径与感染方式（15）

杂交瘤细胞株携带致病微生物或其他生物的致病基因，务必指明可能的传播途径与感染方式。传播途径主要包括接触传播、空气传播、食物传播、水传播以及血液、体液传播等；感染方式包括细胞内感染、细胞外感染。

16. 致瘤性（16）

指明该杂交瘤细胞株在体内外模型中是否具有致瘤性，所引起肿瘤的类型、分化程度、恶性程度等。

17. 杂交瘤细胞株获得及使用特殊许可（17）

指明获得使用该杂交瘤细胞株是否需要特殊许可，及使用时的权限限制。

18. 杂交瘤细胞株应用情况（18）

指明细胞株基金资助情况，论文发表情况，专利申请情况。

19. 杂交瘤细胞株分泌单抗的特性、特征及用途（19）

指所描述杂交瘤细胞系及其分泌单抗的特性、特征及用途，如杂交瘤细胞株的基础研究、应用研究；分泌单抗在人与动物体内的应用情况；包括诊断、治疗用途及其靶器官、方法与剂量；phaseⅠ、Ⅱ、Ⅲ应用情况、效果及副反应；是否有商业化抗体及配套试剂盒出售；是否具有产业化前景。

（二）描 述 信 息

1. 表型信息

1）细胞系形态生长特征（20）

指明该杂交瘤细胞株的动物物种及器官组织来源，细胞形态及生长特征，其生命周期为有限或无限，在体外培养中的群体倍增时间、收获时所能达到的最大细胞密度，克隆形成率及目前传代数等反映细胞形态生长特征的表型信息。描述尽可能采用显微摄像技术，提供图文并茂的描述内容。

2）细胞系分泌单抗特性（21）

指明获得该杂交瘤细胞的方法，如免疫原的种属、名称、性质、纯度；免疫动物的种属、品系、性别、周龄；免疫方法描述包括抗原性质和纯度，抗原量，免疫途径、次数及间隔时间，佐剂，动物对抗原的免疫应答，免疫动物数等；融合受体细胞名称、来源和特征（常用为SP2/0-Ag14或其他适宜的骨髓瘤细胞系，来源于BABL/c鼠，对8-氮杂鸟嘌呤耐受）。

指明分泌单抗的检测方法（Western blot、免疫组化、流式细胞仪、免疫沉淀、ELISA），反应类型（胞浆反应、胞内反应），反应物质名称、种属、分类。

指明杂交瘤细胞株分泌单抗的特性，如免疫球蛋白类及亚类、效价、免疫反应性、交叉反应性、抗原名称及亲和力。

3）细胞系培养方式（22）

指明细胞系培养用的培养基名称，培养基以市售商品名为主，如为试制培养基，则注明具体配方；是否添加抗生素，如添加须注明名称、种类、剂量、溶解添加方法；是否添加选择筛选药物，其名称、浓度、溶解添加方法；其他特殊添加成分的需求，注明其名称、浓度、溶解添加方法。

细胞系的生理生化特征包括培养温度、通气条件、pH值范围、渗透压等。

指明细胞系的传代方法、克隆方法及克隆形成率、冻存液及冻存方法等特性。

2. 鉴别信息

1）细胞系外源因子污染检查（23）

细胞系外源因子污染检查包括细菌、真菌、支原体、病毒污染检测，检测结果应均为阴性。逆转录病毒检查应指明逆转录酶活性检测法（PERT法）、电镜观察法、感染性试验或其他方法的检查结果，注明逆转录酶阳性或阴性。

2）细胞系鉴别（24）

细胞系鉴别应包括同工酶谱分析、DNA指纹图谱和短串联重复STR分析。

同工酶谱主要用于种间细胞系鉴别分析，分析乳酸脱氢酶（LDH）、6-磷酸葡萄糖脱氢酶（G6PD）、核苷磷酸化酶（NP）等的同工酶谱，确定细胞是否交叉污染。

DNA指纹图谱则可用于种内或种间细胞系的鉴别分析，该方法需合成多种Jeffries探针，而且得到的复杂条带及其形式不易用数字化形式表达。

短串联重复（STR）谱为多个掺入特征性荧光标记染料的PCR扩增产物谱，通过软件将其用数字化形式表达记录，可获得细胞系档案资料的数据库；通过与已知数据库STR信息比对，即可明确细胞系是否存在交叉污染。目前，ATCC已建立所有人细胞系的STR的DNA指纹数据库。

3）染色体核型分析（25）

细胞系通过染色体核型分析，指明细胞染色体数目、染色体核型分布、G带染色结果。假如可能，提供细胞染色体图谱。

（三）其他信息

1. 图像信息（26）

尽可能提供杂交瘤细胞系的有关图像，包括形态学、免疫反应图谱等。

2. 文献信息（27）

提供与杂交瘤细胞系有关的重要参考文献。

附表3-1。

表3-1 杂交瘤细胞系资源描述

描述日期：　　年　月　日

基本信息			
平台资源号(1)		保藏编号(2)	
中文名称(3)		外文名称(4)	
保藏日期(5)		保藏方式(6)	
原始编号(7)		来源(8)	
原产国或地区(9)		建系人或单位(10)	
建系日期(11)		生物危害程度(12)	
致病对象(13)		疾病名称(14)	
传播途径与感染方式(15)			
致瘤性(16)		特殊许可(17)	
细胞系应用情况(18)			
单抗特性、特征及用途(19)			
描述信息			
表型信息	细胞形态生长特征(20)	动物物种		器官组织来源	
		细胞形态		生长特性	
		生命期		群体倍增时间	
		收获最大密度		克隆形成率	
		目前传代数			

续表

描述信息					
表型信息	分泌单抗特征(21)	免疫原		免疫动物	
		免疫方法		融合对象	
		筛选方法		IgG 类型	
		IgG 亚类		效价	
		免疫反应性		交叉反应性	
		抗原		亲合力	
	细胞培养方式(22)	培养基名称		抗生素添加	
		筛选药物添加		特殊添加成分	
		温度		CO_2 浓度	
		pH 值		渗透压	
		传代方法		克隆化方法	
		冻存液		冻存方法	
鉴别信息	外源因子污染检查(23)	细菌、真菌		支原体	
		病毒	逆转录病毒检查	PERT 法	
				感染性试验	
				电镜观察	
			其他病毒		
	细胞系鉴别(24)	同工酶谱	乳酸脱氢酶(LDH)		
			6-磷酸葡萄糖脱氢酶(G6PD)		
			核苷磷酸化酶(NP)		
		DNA 指纹图谱			
		短串联重复(STR)谱			
	核型分析(25)	染色体数目结构			
		染色体分布频率分析			
		G 带染色体分析			
其他信息					
图像信息(26)			文献信息(27)		

起草单位：中国人民解放军第四军医大学
修改执笔人：李 玲 陈志南
2007 年 7 月

第四章 基因修饰细胞资源描述规范（试行）

一、引　言

近年来，随着基因工程研究的深入及现代生物技术的发展与广泛应用，通过基因突变、基因转移、基因重组等手段获得基因修饰细胞系也无技术障碍。方兴未艾的研究与应用，致使基因修饰细胞数量与日俱增，成为实验细胞资源的重要组成部分。为了规范基因修饰细胞系资源的收集、保藏、整理、整合、数据库构建与信息共享，特制定本描述技术规范。

二、适用范围

本技术规范明确了基因修饰细胞系资源的定义，提出了基因修饰细胞系资源的描述内容和描述技术规范。

本技术规范适用于基因修饰细胞系资源的收集、保藏、整理、整合及资源数据库建立、信息共享网络平台构建。

三、规范性引文

国家及行政部门制定的法律、法规中有关条款被本技术规范引用即成为规范中的实质性条款。凡是注明日期的引用文件，其后所有的修改或修订版均不适用于本技术规范。未注明日期的引用文件，其最新版本适用于本技术规范。以下列出的引文是本技术规范制定的依据。

《中华人民共和国传染病防治法》十届人大常务委员会第十一次会议通过，2004

《病原微生物实验室生物安全管理条例》国务院令第 424 号，2004

《实验材料资源共性描述规范》科技部自然科技资源平台联合管理办公室文件

《实验材料资源分类编码体系》科技部自然科技资源平台联合管理办公室文件

四、定义和术语

本技术规范采用下列定义、术语。

（一）定　义

基因修饰细胞系（genetically modified cell line）

基于基因突变、基因转移、基因重组而导致遗传特性改变的细胞系定义为基因修饰细胞系。例如，人胚肺二倍体细胞系（WI-38）是一株正常二倍体细胞系。而经SV40病毒转化后，其病毒的T抗原基因与WI-38细胞系重组，改变了细胞的遗传特性，成为生物安全二级（P2）的细胞系（WI-38 VA13）。

（二）术　语

1. 基因突变（gene mutation）

基因内部遗传结构或DNA序列的任何改变。这种改变包括一对或少数几对碱基的缺失、插入、置换、DNA序列的移位、重复等。

2. 基因重组（genetic recombination）

基因序列在核酸分子上重新组合的过程。这种组合可以发生在单个DNA分子内，也可以发生在两个分开的亲本DNA分子之间，从而产生来自每一亲本的部分遗传信息的重组分子。

3. 基因转移（gene transfer）

供体的基因或DNA分子通过结合、转化、转导方式转移到受体细胞中，从而使受体产生新的遗传特性的过程。早先认为，这种转移发生在生物类群的种内、种间。近年的研究发现，基因转移的现象极为广泛，不但微生物、动物、植物种间能发生基因转移，甚至在低等生物与高等生物（如细菌、动物、植物、人类）之间也有基因转移的现象存在。

五、要　求

（一）描述要求

（1）描述标准科学、规范，内容翔实、清楚，语言流畅、准确，条理力求完整、系统，描述尽可能反映基因修饰细胞系资源的最新研究进展。

（2）描述语言、内容、条目能被相关专业人员理解。

（二）描 述 要 素

描述要素分为：①必备要素，即必须描述的要素；②选择要素，描述内容视具体细胞系而定，描述突出基因修饰细胞系的特点。

六、基因修饰细胞系资源信息描述规范

（一）基 本 信 息

1. 平台资源号（1）

国家自然科技资源 e 平台统一生成的资源编号，平台资源号为 18 位，前 9 位是资源单位编码，后 9 位是流水号，参见《实验材料资源共性描述规范》。

2. 细胞系保藏编号（2）

基因修饰细胞系资源在保藏机构的保藏编号，由前缀和细胞系编号两部分组成。前缀为保藏机构名称的英文缩写，前缀和细胞编号之间留半角空格（如CCTCC-GDC0095）。

3. 细胞系中文名称（3）

指明细胞系的中文名称（如有别名应在括号中注明）。

4. 细胞系外文名称（4）

指明细胞系的英文、拉丁文等外文名称，包括全名、缩写名、编号。

5. 细胞系保藏日期（5）

指明保藏机构收集、保藏该细胞的日期。格式为 YYYYMMDD，其中 YYYY 为年，MM 为月，DD 为日。

6. 细胞系保藏方式（6）

指明细胞系长期保藏的方式，如液氮液相、气相。

7. 细胞系原始编号（7）

该细胞系的最初编号。

8. 细胞系来源（8）

指明获得该细胞系的途径。如细胞系转移经过多个保藏机构，则尽可能说明。

9. 细胞系原产国或地区（9）

细胞系原产国家、地区的名称。

10. 细胞系建系的单位或个人（10）

指明该细胞系的建系单位或个人。

11. 细胞系建系日期（11）

该细胞系的最初构建、选择、鉴定日期。格式为 YYYYMMDD，其中 YYYY 为年，MM 为月，DD 为日。

12. 细胞系生物危害程度（12）

细胞系的生物危害程度的分类，参照《病原微生物实验室生物安全管理条例》。

13. 致病对象（13）

细胞系的具体致病类群。指明是人类、动物、植物或微生物。

14. 疾病名称（14）

主要指引起疾病的名称及感染的组织部位。

15. 传播途径与感染方式（15）

基因修饰细胞系携带致病微生物或其他生物的致病基因，务必指明可能的传播途径与感染方式。传播途径主要包括接触传播、空气传播、食物传播、水传播以及血液、体液传播等；感染方式包括细胞内感染、细胞外感染。

16. 基因元器件（16）

细胞系所携带的特定用途的载体、筛选标记基因、启动子、增强子、信号肽基因等。

17. 基因修饰方式（17）

指明细胞系中基因修饰方式，如重组、突变、转移等。

18. 修饰基因背景（18）

描述修饰基因的背景，如基因序列大小、表达效率等。

19. 细胞系的具体用途（19）

指所描述细胞系的具体用途，如基础研究、应用研究或生产某些特殊基因产物等。

（二）描述信息

1. 表型信息

1）细胞系形态特征（20）

动物细胞系的形态特征通常为似上皮状、似成纤维状、似成淋巴细胞状、多形状等。基因修饰后的细胞一般不改变细胞的形态特征，故细胞形态特征与原来的细胞相似，描述尽可能采用显微摄像技术，提供图文并茂的描述内容。

2）细胞系培养方式（21）

指明细胞系培养用的培养基名称，培养基以市售商品名为主，如为试制培养基，则注明具体配方；另说明可能使用的其他培养方式。

3）细胞系生理生化特征（22）

细胞系的生理生化特征包括培养温度、通气条件、pH值范围、特殊生长因子的需求、选择药物要求等。

4）其他特征（23）

指明细胞系冻存条件、冻存液、细胞系存活性、克隆形成率等特性。

2. 鉴别信息

1) 细胞系鉴别（24）

细胞系种的鉴别以同工酶谱分析法、荧光抗体法的结果确定其种属关系。基因修饰细胞系需进行特定修饰基因鉴别，基因表达产物鉴别。

2) 细胞系交叉污染检查（25）

细胞系交叉污染检查采用同工酶谱分析法。分析乳酸脱氢酶（LDH）、6-磷酸葡萄糖脱氢酶（G6PD）、核苷磷酸化酶（NP）等的同工酶谱，确定细胞是否交叉污染。

3) 细胞系外源因子污染检查（26）

细胞系外源因子污染检查包括细菌、真菌、病毒、支原体污染检测，检测结果应均为阴性。

4) 逆转录病毒检查（27）

基因修饰细胞系应指明逆转录酶活性检测（PERT法）、电镜观察法、感染性试验或其他方法的检查结果，注明逆转录酶阳性或阴性。

5) 细胞系致致瘤性试验（28）

基因修饰细胞增加了致肿瘤的危险性，因此务必提供致肿瘤试验结果，如低度、中度、高度、严重程度等。

6) 细胞系染色体核型分析（29）

细胞系通过染色体核型分析，指明细胞染色体核型分布、G带染色结果。假如可能，提供细胞染色体的基因修饰图谱。

（三）其他信息

1. 图像信息（30）

尽可能提供基因修饰细胞系的有关图像，包括形态学、基因修饰图谱等。

2. 文献信息（31）

提供以基因修饰细胞系有关的重要参考文献。

附表 4-1 和表 4-2。

表 4-1 基因修饰细胞系资源描述

描述日期：　　年　月　日

基本信息			
平台资源号(1)		保藏编号(2)	
中文名称(3)		外文名称(4)	
保藏日期(5)		保藏方式(6)	
原始编号(7)		来源(8)	

续表

基本信息				
原产国或地区(9)			建系人或单位(10)	
建系日期(11)			生物危害程度(12)	
致病对象(13)			疾病名称(14)	
传播途径与感染方式(15)			基因元器件(16)	
基因修饰方式(17)			修饰基因背景(18)	
具体用途(19)				

描述信息						
表型信息	细胞形态特征(20)	似上皮状		细胞培养方式(21)	培养基名称	
		似成纤维状			贴壁培养	
		似淋巴母细胞状			悬浮培养	
		多形状			特殊培养(基因表达)	
		其他形状				
	生理生化特征(22)	温度需求			生长因子要求	
		氧的需求			选择药物要求	
		pH值需求			其他要求	
	其他特性(23)	冻存条件			冻存液	
		细胞存活性			克隆形成率	
鉴别信息	细胞鉴别(24)	同工酶谱(种属鉴别)			特定修饰基因鉴别	
		荧光抗体(种属鉴别)			基因表达产物鉴别	
	细胞系交叉污染检查(25)	乳酸脱氢酶(LDH)			核苷磷酸化酶(NP)	
		6-磷酸葡萄糖脱氢酶(G6PD)			其他	
	外源因子污染检查(26)	细菌、真菌			支原体	
		病毒			其他	
	逆转录病毒检查(27)	PERT法			感染性试验	
		电镜观察			其他	
	致肿瘤性(28)	低度			中度	
		高度			严重	
	核型分析(29)	染色体分布频率分析				
		G带染色体分析				

其他信息			
图像信息(30)		文献信息(31)	

表4-2 基因修饰细胞系资源描述实例

描述日期：2007年9月15日

基本信息			
平台资源号(1)	3142C0001000000189	保藏编号(2)	CCTCC-GDC0189
中文名称(3)	丙型肝炎病毒E2基因修饰的非洲绿猴肾细胞	外文名称(4)	Vero-HCV-E2
保藏日期(5)	2006年11月24日	保藏方式(6)	液氮液相
原始编号(7)	Vero-E2	来源(8)	武汉大学生命科学研究院
原产国或地区(9)	中国武汉	建系人或单位(10)	武汉大学生命科学研究院郭佳
建系日期(11)	2006年6月17日	生物危害程度(12)	生物安全2级
致病对象(13)	未知	疾病名称(14)	未知
传播途径与感染方式(15)	未知	基因元器件(16)	HCV-E2基因
基因修饰方式(17)	转移插入	修饰基因背景(18)	HCV基因组1491～2579,长1089bp
具体用途(19)	基础研究、表达HCV-E2抗原		
描述信息			
表型信息	细胞形态特征(20)	似上皮状	—	细胞培养方式(21)	培养基名称	DMEM
		似成纤维状	似成纤维状		贴壁培养	贴壁
		似淋巴母细胞状	—		悬浮培养	—
		多形状	—		特殊培养(基因表达)	G418选择
		其他形状	—			
	生理生化特征(22)	温度需求	37℃		生长因子要求	无
		氧的需求	需氧		选择药物要求	G418(300μg/ml)
		pH值需求	7.2～7.4		其他要求	无
	其他特性(23)	冻存条件	标准程序		冻存液	生长培养基＋10％DMSO
		细胞存活性	95％		克隆形成率	约30％
鉴别信息	细胞鉴别(24)	同工酶谱(种属鉴别)	Vero细胞阳性		特定修饰基因鉴别	PCR检测DNA RT-PCR检测mRNA
		荧光抗体(种属鉴别)	Vero细胞阳性		基因表达产物鉴别	Western blot
	细胞系交叉污染检查(25)	乳酸脱氢酶(LDH)	Vero细胞阳性		核苷磷酸化酶(NP)	Vero细胞阳性
		6-磷酸葡萄糖脱氢酶(G6PD)	Vero细胞阳性		其他	无

续表

描述信息					
鉴别信息	外源因子污染检查（26）	细菌、真菌	阴性	支原体	阴性
		病毒	阴性	其他	无
	逆转录病毒检查（27）	PERT法	阴性	感染性试验	阴性
		电镜观察	阴性	其他	无
	致肿瘤性（28）	低度	阳性	中度	阴性
		高度	阴性	严重	阴性
	核型分析（29）	染色体分布频率分析	1000个细胞染色体分布频率百分率： 49以下＝9.2％　50～55＝14.8％　56～58＝15.4％ 59～61＝16.4％　62～64＝13.8％　65～68＝8.2％ 69～71＝5.2％　72以上＝17.0％		
		G带染色体分析	未发现染色体严重缺失、易位、断裂、畸变现象		
其他信息					
图像信息(30)	形态学照片		文献信息(31)	生物工程学报，2007年，第6期	

起草单位：武汉大学
修改执笔人：郑从义
2007年7月

主要参考文献

姜瑞波．2005．微生物菌种资源描述规范．北京：中国农业科学技术出版社
祁国明．2005．病原微生物实验室生物安全．北京：人民卫生出版社
沈萍，陈向东．2006．微生物学．第二版．北京：高等教育出版社

第五章 有限培养细胞资源描述规范（试行）

一、引　言

各类动物细胞系的建立、收集和保藏，不仅为从细胞和分子水平研究动物分类、系统进化、物种起源、比较基因组和功能基因组的研究等提供经济、方便的材料来源，也为动物多样性，特别是动物的遗传多样性保护提供了新的途径。从理论上讲，各种动物和人体内的所有组织都可以用于培养，培养的正常动物二倍体细胞大多在体外不能无限传代，为有限细胞系。随着人们对动物遗传资源保护意识的提高以及生物学和医学研究的不断深入，越来越多的动物有限细胞系被建立。为了规范有限细胞系资源的收集、保藏、整理、整合以及数据库构建与信息共享，特制定本描述规范。

二、适 用 范 围

本规范规定了有限细胞系的描述内容和描述规范。
本规范适用于有限细胞系的收集、整理和保藏，以及数据库和信息网络系统的建立。

三、规范性引文

科学技术部自然科技资源平台联合管理办公室文件《实验材料资源共性描述规范》。
科学技术部自然科技资源平台联合管理办公室文件《实验材料资源分级归类与编码表》。

四、定义和术语

（一）定　义

有限细胞系（finite cell line）
　　正常的动物体细胞在培养中，经传代培养一定代数后即使培养条件均能满足细胞繁殖生长，它们也不能继续生存，这种在体外的生存期有限的细胞系被称为有限细胞系。

（二）术　　语

1. 原代培养（primary culture）

在无菌环境下从机体取出某种组织细胞（视实验目的而定），经过一定的处理（如消化分散细胞、分离等）后接入培养器皿中，对其进行的首次培养称为原代培养。

2. 传代（passage 或 subculture）

当细胞增殖达到一定密度后，则需要分离出一部分细胞和更新营养液，否则将影响细胞的继续生存，这一过程叫传代。

3. 细胞系（cell line）

原代培养物开始第一次传代培养后的细胞，即称之为细胞系。

五、描述规范制定原则和方法

1. 原则

（1）遵循实验细胞共性描述规范。

（2）描述内容清楚、准确，力求完整。

2. 方法

（1）遵循实验细胞共性描述符号和编码规则。

（2）增加必须描述要素，如二倍体数目和核型图。

六、有限细胞系资源信息描述规范

（一）基 本 信 息

1. 平台资源号（1）

国家自然科技资源e平台统一生成的资源编号，平台资源号为18位，前9位是资源单位编码，后9位是流水号，参见《实验材料资源共性描述规范》。

2. 细胞系保藏编号（2）

有限细胞系资源在保藏机构的保藏编号，由前缀和细胞系编号两部分组成。前缀为保藏机构名称的英文缩写。

3. 细胞系中文名称（3）

指细胞系的中文名称（如有别名应在括号中注明）。

4. 细胞系外文名称（4）

指细胞系的英文、拉丁文等外文名称，包括全名、缩写名、编号。

5. 细胞系保藏日期（5）

指保藏机构收集、保藏该细胞的日期。格式为 YYYYMMDD，其中 YYYY 为年，MM 为月，DD 为日。

6. 细胞系的组织来源（6）

指建立该细胞系时所用的组织，如皮肤、肌肉、肺、肾脏等。

7. 细胞系来源（7）

指获得该细胞系的途径，如自建或引进。如果该细胞系为引进，则尽可能详细说明其转移经过的保藏机构。

8. 细胞系原始编号（8）

如该细胞系为引进的细胞系，则需注明该细胞系的最初编号。

9. 细胞系建系的单位或个人（9）

指建立该细胞系的单位或个人。

10. 细胞系建系日期（10）

该细胞系的最初建系冻存的日期。格式为 YYYYMMDD，其中 YYYY 为年，MM 为月，DD 为日。

11. 细胞系保藏单位（11）

保存该细胞系的资源保存单位的名称。

（二）描 述 信 息

1. 表型信息

1）细胞的形态（12）

动物细胞系的形态特征通常为似上皮状、似成纤维状、似淋巴母细胞状、多形状等。描述尽可能采用显微摄像技术，提供图文并茂的描述内容。

2）细胞系的生长特征（13）

指细胞在体外培养时是贴附生长还是悬浮生长。

3）细胞系的核型特征（14）

指该细胞系的核型，包括染色体的数目、大小和形态等。核型是物种稳定的遗传性状，可作为物种鉴定的重要指标。

4）细胞系的传代数（15）

指该细胞在冻存时已在体外传代的次数。传代的频率或间隔与培养液的性质、接种细胞数量和细胞增殖速度等有关。

2. 培养条件

1）培养基（16）

指培养该细胞系所用的培养基名称，培养基以市售商品名为主，如为试制培养基，则注明具体配方。

2) 血清及其浓度（17）

指培养该细胞系所用的血清的种类及其所占的比例，如所用的血清是新生牛血清、胎牛血清，或者是其他动物的血清，比例是10%、15%或20%。

3) 培养温度（18）

指培养该细胞系所需要的温度。

4) 其他条件（19）

指培养该细胞系所需要的其他条件，如通气条件、培养基的pH值范围，是否需要添加抗生素及特殊的生长因子等。

3. 保存条件

1) 细胞系保存方式（20）

指保存该细胞系的方法，如液氮冻存或超低温冰箱保存。

2) 冻存液组成（21）

指冻存该细胞系时所用的冻存液的成分及其比例。

4. 细胞系质量控制

1) 细胞系外源因子污染检查（22）

细胞系外源因子污染检查包括细菌、真菌、病毒、支原体污染检测，检测结果应均为阴性。

2) 细胞系交叉污染检查（23）

细胞系交叉污染检查，可采用同工酶谱分析法和核型分析法。同工酶谱分析法所分析的同工酶主要有乳酸脱氢酶（LDH）、6-磷酸葡萄糖脱氢酶（G6PD）、核苷磷酸化酶（NP）等。核型分析法主要分析该细胞系中是否有不同二倍染色体数目的细胞存在，G带型是否一致，以确定该细胞是否被交叉污染。

（三）其他信息

1. 图像信息（24）

尽可能提供该有限细胞系的有关图像，如细胞生长的形态图、G带核型图等。

2. 文献信息（25）

如已有该细胞系建系和生物学特征的文章发表，提供有关的参考文献。

附表5-1和表5-2。

表5-1 有限培养细胞资源描述简表

基本信息			
平台资源号(1)		保藏编号(2)	
中文名称(3)		外文名称(4)	
保藏时间(5)		组织来源(6)	
来源(7)		原始编号(8)	

续表

基本信息				
建系的单位或个人(9)			建系日期(10)	
保藏单位(11)				
描述信息				
特征信息	细胞的形态(12)		培养条件	培养基(16)	
	生长特征(13)			血清及其浓度(17)	
	核型特征(14)			培养温度(18)	
	传代数(15)			其他条件(19)	
保存条件	保存方式(20)		质量控制	外源因子污染检查(22)	
	冻存液组成(21)			交叉污染检查(23)	
其他信息				
图像信息(24)			文献信息(25)	
共享信息				
共享方式(26)			获取途径(27)	
运输条件(28)			联系方式(29)	
联系信息(30)	单位			
	地址			
	邮编		联系人		电话	
	传真		E-mail		

表 5-2 有限培养细胞资源描述示例

基本信息		
平台资源号(1)	3115CNCB00381	保藏编号(2)	KCB200006
中文名称(3)	家猫肺细胞系	外文名称(4)	domestic cat(*Felis catus*),FCA-L2
保藏时间(5)	2000.05.16	组织来源(6)	肺
来源(7)	自建	原始编号(8)	KCB200006
建系的单位或个人(9)	中国科学院昆明细胞库	建系日期(10)	2000.05.16
保藏单位(11)	中国科学院昆明细胞库		
描述信息			
特征信息	细胞的形态(12)	成纤维样	培养条件	培养基(16)	199
	生长特征(13)	贴壁		血清及其浓度(17)	FCS,15%
	核型特征(14)	$2n=38$,♂		培养温度(18)	37℃
	传代数(15)	F_4		其他条件(19)	无

续表

描述信息					
保藏条件	保藏方式(20)	液氮(－196℃)	质量控制	外源因子污染检查(22)	无外源因子污染
	冻存液组成(21)	(199＋15％FCS)90％＋10％DMSO(二甲亚砜)		交叉污染检查(23)	无细胞交叉污染
其他信息					
图像信息(24)			文献信息(25)		无
共享信息					
共享方式(26)	合作研究共享;资源交换性共享		获取途径(27)		邮寄托运;现场获取(包括定点送货)
运输条件(28)	常温		联系方式(29)		网上订购;电话;传真;电子邮件
联系信息(30)	单位	中国科学院昆明动物研究所			
	地址	昆明市教场东路32号			
	邮编	650223	联系人	王金焕	电话	0871-5195375
	传真	0871-5191823	E-mail		kcb@mail.kiz.ac.cn	

（四）共享信息

1) 共享方式(26)

购买,合作研究共享;资源交换性共享。

2) 获取途径(27)

邮寄托运;现场获取(包括定点送货)。

3) 运输条件(28)

常温,其他。

4) 联系方式(29)

网上订购、电话、传真、电子邮件。

5) 联系信息(30)

包括联系人、单位、邮编、地址、电话、传真、E-mail等。

起草单位：中国科学院昆明动物研究所
修改执笔人：伹文惠　王金焕
2007年7月

主要参考文献

科技部自然科技资源平台联合管理办公室.2004.自然科技资源共性描述规范(试行)
《实验材料描述标准和规范的研究制定及共享试点建设》项目组.2004.实验材料资源共性描述规范(试行)
薛庆善.2001.体外培养的原理与技术.北京:科学出版社
司徒镇强,吴军正.2004.细胞培养.西安:世界图书出版西安公司

第六章 干细胞资源描述规范（试行）

一、适用范围

本描述规范规定了干细胞资源统一的共性描述符，适用于干细胞资源的收集、整理和保存，数据标准和数据质量控制规范的制定，以及数据库和信息共享网络系统的建立。

二、规范性引文

（1）裴雪涛．2003．干细胞生物学．北京：科学出版社

（2）裴雪涛．2006．干细胞实验指南．北京：科学出版社

（3）Robert L，John G，Brigid H，et al. 2004. Handbook of Stem Cells. Burlington MA：Elsevier Academic Press

（4）Kursad Turksen．2002. Embryonic Stem Cells：Methods and Protocols. Totowa, New Jersey：Humana Press Inc.

（5）Smith AG. 2001. Embryonic stem cells. In：Marshak DR, Gardner RL, Gottlieb D. Stem Cell Biology. New York：Cold Spring Harbor Laboratory Press，205～230

（6）Thomson JA, Itskovitz-Eldor J, Shapiro SS, et al. 1998. Embryonic stem cell lines derived from human blastocysts. Science，282：1145～1147

三、定义和术语

本规范采用下列术语、定义、符号和缩略语。

（一）按干细胞的生物学特性和功能分为

1. 全能干细胞（totipotent stem cell）

具有自我更新和分化形成任何类型细胞的能力，有形成完整个体的分化潜能，如胚胎干细胞，具有与早期胚胎细胞相似的形态特征和很强的分化能力，可以无限增殖并分化成为全身200多种细胞类型，进一步形成机体的所有组织、器官。

2. 多能干细胞（multipotent stem cell）

具有自我更新能力和多向分化潜能，可分化产生多种类型细胞，但却失去发

育成完整个体的能力,发育和分化潜能受到一定的限制。

3. 单能干细胞(unipotent stem cell)

也称专能、偏能干细胞,用于描述在成体组织、器官中的一类细胞,只能向单一方向分化,产生一种类型的细胞。

(二)按干细胞的发育特性和组织来源分为

1. 胚胎干细胞(embryonic stem cell,ES cell)

指由胚胎内细胞团(inner cell mass,ICM)或原始生殖细胞(primordial germ cell,PGC)经体外移植培养而筛选出的细胞。胚胎干细胞还可以利用体细胞核转移(somatic cell nuclear transfer,SCNT)技术来获得。胚胎干细胞具有发育全能性,在理论上可以诱导分化为机体中所有种类的细胞;胚胎干细胞在体外可以大量扩增、筛选、冻存和复苏而不会丧失其原有的特性。

2. 胚胎生殖干细胞(embryonic germ cell,EG cell)

胚胎生殖细胞来自5~10周龄的胚胎性腺区的早期生殖细胞,在发育后期,性腺区发育成睾丸或卵巢,原始生殖细胞产生精子或卵子。

3. 成体干细胞(adult stem cell)

是指存在于一种已经分化组织中的未分化细胞,这种细胞能够自我更新并且能够特化形成组成该类型组织的细胞,也可在特定环境和诱导条件下分化为其他的多种组织细胞。

(1)造血干细胞(hematopoietic stem cell,HSC):是具有高度自我更新能力和多向分化潜能的造血前体细胞,可分化为红系、粒系、巨核系、淋巴系等多种类型的血细胞;为一群不均一的细胞群体,由不同年龄等级的干细胞组成,在细胞大小、比重、形状、行为特征、表面抗原标志、细胞周期及调控机制等方面均存在较大差异。

(2)间充质干细胞(mesenchymal stem cell,MSC):从骨髓、肌肉、脂肪、皮肤、软骨或骨中,经密度梯度离心、贴壁培养或流式分选得到的干细胞,呈梭形,核浆比大,经连续传代培养和冷冻保存后仍具有多向分化潜能。在体外特定的诱导分化条件下,MSC可以分化为骨、软骨、脂肪、肌腱、肌肉等多种中胚层来源的细胞,还可跨胚层分化为神经细胞、胰岛细胞等。

(3)神经干细胞(neural stem cell):是来源于胚胎或成年哺乳动物脑内,具有分化为神经元细胞、星形胶质细胞、少突胶质细胞的能力,神经干细胞具有自我更新和多向分化潜能。具有对称分裂和不对称分裂两种方式。

(4)胰腺干细胞:存在于胰腺中,具有自我更新能力,但只能向一种类型或密切相关的两种类型的细胞分化,即能分化为胰内、外分泌腺细胞。

(5)肝干细胞:是肝内胆管系统源性的多潜能分化细胞群,既可向胆管细胞分化,又可向肝细胞分化,部分肝干细胞也可来源于骨髓间充质干细胞。

（6）肌肉卫星细胞：存在于肌肉组织中的成肌细胞称为肌卫星细胞，是肌组织中唯一的一类具有分裂能力的肌源性细胞，位于肌纤维的肌膜与基底膜之间，具有融入已形成的肌纤维中，参与肌肉的正常发育的功能及参与肌肉损伤修复的功能。

（7）皮肤表皮干细胞：来源于毛囊隆突部及表皮基底层，具有慢周期性和自我更新能力，另外一个显著特点是对基底膜的黏附。正常情况下，每个表皮干细胞通过不对称分裂产生一个干细胞和一个定向祖细胞，即短暂增殖细胞。在表皮中，短暂增殖细胞只能定向分化为角质细胞、毛发和皮脂腺。在受到外来损伤时，表皮组织可通过对称分裂增加干细胞或分化细胞的数量，从而更好地适应机体的需要。

（8）角膜缘干细胞：角膜缘基底细胞中的部分细胞，其特征为分化程度低，增殖潜力大，细胞周期长，不对称分裂。具有能准确无误的增生、低分化、解剖学防护良好不受紫外线损伤，以及有特殊调节以平衡自我更新和对细胞丧失的代偿等特性。

（三）永生化干细胞系（immortalized stem cell line）

通过基因转染等技术，将外源性基因转入干细胞，使其永生化后建立的干细胞系。常用的外源基因有猴肾病毒40（SV40）T抗原、腺病毒的E1A和E1B基因、乳头瘤病毒的E6和E7基因、端粒酶催化亚基（TERT）基因等。

四、描述规范制定原则和方法

（一）描述规范制定原则

（1）既要考虑资源利用者的需要，也要考虑资源拥有者的实际情况。
（2）结合当前和长远发展需要，以资源共享为主要目标。
（3）优先考虑我国现有基础，兼顾将来发展。
（4）最大程度地统一实验材料资源共性信息，统一描述项目。
（5）求同存异，讲求实效。

（二）方　　法

1. 描述符分为4类
（1）基本信息。
（2）特征特性描述信息。
（3）其他描述信息。
（4）收藏单位信息及共享方式。

2. 描述符编码
由描述符类别加两位顺序号组成，如"101"、"202"、"301"等。

3. 描述符的代码应是有序的

五、干细胞资源描述规范
（一）要　　求
1. 描述要求

描述内容应清楚、准确，力求完整。应充分考虑该干细胞的最新研究进展，且能被细胞生物学专业人员理解。

2. 描述要素

M：必备要素，必须描述的要素。

O：选择要素，其描述与否视具体细胞而定。

（二）干细胞细胞资源的基本信息
1. 要求

将基本信息内容逐项记入附录表格中。

2. 基本信息

1）细胞名称（M）

应指明该种干细胞的中文名称和英文名称。

2）细胞保藏编号（M）

应指明该种干细胞在保存机构的保藏编号，可由三部分组成，首部分为保存机构的英文名称缩写，中间部分为该种干细胞的缩略语，后一部分为保存机构制定的相应编号。

3）保藏日期（M）

应指明保存机构分离保藏或收集保存该种干细胞的时间（YYYYMMDD）。

4）来源历史（O）

得到该种干细胞的途径，如购买自美国 WiCell、ATCC 或来源于其他保藏机构。

5）其他保藏单位编号（O）

该种干细胞在其他保藏机构中的保藏编号。

6）细胞分离人及分离时间（O）

该种干细胞最初的分离人姓名及分离时间。

7）永生化干细胞系建立人及建立时间（O）

该种永生化干细胞系的建立者姓名及建立的时间。

（三）收藏单位信息及共享方式
1. 保藏单位名称（M）

2. 细胞保存方法（M）

应指明该种干细胞长期保存采用的技术方法、冻存条件等。

3. 共享方式（M）

应指明该种干细胞是否共享及共享的具体方式。

4. 提供形式（M）

指明提供的是冻存的或者是复苏的细胞及细胞代数。

5. 获取途径（M）

获得该种干细胞资源的途径，包括以下方式：邮寄、自取、其他。

（四）干细胞特征特性描述信息

1. 要求

将特征特性描述信息内容逐项记入表 6-1 和表 6-2 中。

2. 组织来源（M）

应指明该种干细胞分离自何种种属（人、小鼠、大鼠或其他）、种族或品系、年龄、解剖部位、组织类型等。

3. 分离方法（M）

应指明该种干细胞分离时的组织取材，采用不同分离方法时应指明所采用的离心机的转速、离心时间，组织块的大小，消化所用的酶类（如胶原酶、胰蛋白酶或其他酶类）、消化时间，分离时所用试剂的浓度、作用时间，分离得到的细胞数量、细胞活力等。

4. 培养条件（M）

应指明该种干细胞培养时所用的培养基的种类、批号，pH 值，CO_2 的浓度，培养的温度，抗生素的使用情况，添加成分的名称、剂量或浓度（如血清的种类和浓度、细胞因子的种类和剂量等），使用培养器皿的名称型号，培养传代时细胞的浓度，传代的方法，冻存的方法等。

5. 细胞生长特性（M）

应描述该种干细胞培养时的倍增时间、生长特性（如贴壁生长、悬浮生长、呈集落样生长等）、生长曲线或比生长速率等。

6. 细胞形态特征（M）

应描述培养中干细胞的不同形态，包括圆形、卵圆形、扁平状、长梭形或其他形状，还应描述胞体体积、细胞核的大小、核仁的数目等。

7. 细胞表型特征（M/O）

对于细胞表面标志比较明确的干细胞应描述其相应的细胞表面标志，如造血干细胞为 CD34 阳性，间充质干细胞细胞表面标志为 SH2、SH3、CD29、CD44、CD90 等呈阳性，但 CD14、CD34、CD45 标记阴性等。

8. 细胞生物学特性（M）

描述该种干细胞在体内植入和体外培养时的增殖分化特性，不同诱导条件下向不同谱系或特定方向的终末分化细胞进行分化的能力等。例如，间充质干细胞在体外不同诱导条件下可分化为成骨细胞、软骨细胞或脂肪细胞等。

9. 细胞染色体核型（M）

应描述细胞分裂中期染色体的核型分析结果。

（五）其他信息（O）

1. 图像信息（O）

该种干细胞的形态特征图像，包括普通光镜下、相差显微镜下的图像；经不同诱导分化后的细胞形态特征图像等。

2. 文献信息（O）

宜列出与该种干细胞有关的主要参考文献。

附表6-1和表6-2。

表6-1 干细胞资源描述规范简表

序号	类别	编码	描述符	说明
1	1	101	细胞名称	干细胞资源的中、英文名称
2	1	102	保藏编号	干细胞资源的统一编号
3	1	103	保藏日期	干细胞资源收藏的时间
4	1	104	来源历史	干细胞资源的来源单位
5	1	105	其他保藏单位编号	干细胞资源在其他保藏单位的编号
6	1	106	分离人	干细胞分离者
7	1	107	分离时间	干细胞分离成功年份
8	2	201	组织来源	干细胞来源的组织
9	2	202	分离方法	包括组织取材、消化酶的种类及作用时间、离心的转速和时间、分离时所使用的其他试剂及浓度、作用时间、分离得到的细胞数量及细胞活力状况等
10	2	203	培养条件	包括培养时采用的培养基、pH值、CO_2浓度、温度、抗生素使用情况、添加成分、培养器皿、传代方法、冻存方法等
11	2	204	生长特性	包括干细胞倍增时间、生长特性、比生长速率等
12	2	205	细胞形态特征	包括干细胞形态、胞体体积、细胞核大小、核仁数目等
13	2	206	细胞表型特征	各种干细胞表面标志的情况
14	2	207	生物学特性	干细胞体内外分化能力与鉴定
15	2	208	染色体核型	干细胞的染色体核型及描述
16	3	301	图像信息	干细胞形态的图像及描述
17	3	302	参考文献	与干细胞相关的主要参考文献
18	4	401	保藏单位	保藏单位的名称
19	4	402	细胞保存方法	干细胞的保存方法
20	4	403	共享方式	干细胞共享的方式
21	4	404	提供形式	干细胞可提供的形式
22	4	405	获取途径	获取干细胞的途径
23	4	406	联系人	包括姓名、单位、地址、电话、传真、E-mail等

表 6-2 干细胞资源描述表

基本信息			
细胞名称(中、英文)(1)			
保藏编号(2)		保藏日期(3)	
来源历史(4)		其他保藏单位编号(5)	
分离人(6)		分离时间(7)	
特征特性描述信息			
组织来源(8)			
分离方法(9)	组织取材： 消化酶： 其他试剂及浓度： 分离得到的细胞数量：		离心转速和时间： 消化时间： 作用时间： 细胞活力：
培养条件(10)	培养基： pH 值： 温度： 添加成分： 培养器皿： 传代方法： 冻存方法：		批号： CO_2 浓度： 抗生素：
细胞生长特性(11)	细胞倍增时间： 比生长速率：		生长特性：
细胞形态特征(12)	细胞形态： 细胞核大小：		胞体体积： 核仁数目：
细胞表型特征(13)			
生物学特性(14)			
染色体核型(15)			
其他描述信息			
图像信息(16)			
参考文献(17)			
保藏单位信息及共享方式			
保藏单位名称(18)			
细胞保藏方法(19)		共享方式(20)	
提供形式(21)		获取途径(22)	
联系人情况(23)	姓名： 地址： 电话： E-mail：		单位： 传真：

六、典型资源描述示例

以鼠胚胎干细胞为例,对其进行描述。鼠胚胎干细胞描述标准如下。

(一) 基 本 信 息

1. 细胞名称

鼠胚胎干细胞(mice embryonic stem cell,mice ES cell)。

2. 保藏编号及来源历史

说明本株胚胎干细胞在保藏单位的编号,细胞的来源及其原来的编号,可能的情况下说明该胚胎干细胞的分离人和分离时间。

(二) 特征特性描述信息

1. 组织来源

发育早期囊胚的内细胞团分离获得。

2. 胚胎干细胞的分离培养

1) 饲养细胞的分离培养和饲养层制备

(1) 胚胎鼠成纤维细胞(mice embryonic fibroblasts,MEF)的分离与培养。MEF可从任一品系的小鼠分离,需从1或2只孕母鼠中取10个以上胚胎。

A. 试剂和材料。

a. 孕13~14天母鼠,见栓当天确定为孕1天;

b. 无菌解剖器械:眼科剪2把、眼科镊2把、玻璃平皿3对、小平镊1把、组织剪1把;

c. 无Ca、Mg的PBS,0.05%胰蛋白溶液/0.53mmol/L EDTA,10mg/ml DNase溶液;

d. MEF生长培养基:高糖DMEM,含10%胎牛血清;

e. 35mm、60mm、100mm组织培养皿。

B. 分离方法。

a. 脱颈法处死母鼠,打开腹腔,取出子宫,置于盛有PBS的玻璃培养皿中;

b. 眼科剪沿子宫纵轴剪开,取出胚胎,去除胎盘、羊膜等胚胎外组织,PBS冲洗;

c. 镊子去除胚胎头和内脏,PBS冲洗2次;

d. 眼科剪剪碎胚胎,糊状组织物转移至20ml平底刻度试管,加入5ml胰蛋白酶溶液、400μl DNase粗品,37℃水浴孵育30min,或4℃放置过夜;

e. 振荡,将上层细胞悬液移入装入10ml MEF生长培养基的离心管,混匀后1000r/min离心6min,弃上清;

f. 用15ml MEF生长培养基重悬细胞，计数后调整细胞浓度为$1×10^5$个/ml，每个100mm平皿接种10ml细胞悬液；

g. 24h后换液，待细胞长至90%汇合后，吸出培养基，PBS冲洗2遍后每皿中加入6～7ml胰蛋白酶，室温孵育5min；

h. 加入10ml生长培养基终止消化，轻柔吹吸使细胞充分分散；

i. 将细胞悬液转入50ml离心管，1000r/min离心5min，弃上清；

j. 用生长培养基重悬细胞，1∶3传至100mm培养皿，继续以生长培养基培养；

k. 待细胞长至90%汇合后，胰蛋白酶消化细胞，收集细胞。

C. MEF的冻存。

a. 长至90%汇合的细胞，吸除培养基，PBS洗涤1次，每个100mm培养皿中加入0.05%胰蛋白酶6～7ml，室温下孵育5min；

b. 每皿加入10ml生长培养基终止消化，轻柔吹吸使细胞充分分散；

c. 将细胞悬液转入50ml离心管，1000r/min离心5min，弃上清；

d. 细胞沉淀用置于4℃的新鲜配制的冻存培养基（高糖DMEM含10%胎牛血清，10%DMSO）重悬，每个皿细胞加入冻存培养基1ml，混匀后，每冻存管加入1ml细胞悬液，冻存；

e. 利用冻存盒或厚棉花（2cm以上）包裹后，−70℃冰箱过夜，然后移入液氮中长期保存。

D. MEF的复苏。

a. 取高压灭菌蒸馏水500ml，水浴加温至37～40℃，倒入1000ml大烧杯中；

b. 从液氮中取出MEF冻存管，立即浸入温水中并快速搅动直至冰晶融化；

c. 将融化的细胞悬液转入装有9ml生长培养基的离心管中，1000r/min离心5min，弃上清；

d. 以MEF生长培养基重悬细胞沉淀，每支冻存管的细胞接种至1个100mm培养皿，24h后更换培养基，待细胞长至80%～90%汇合后即可传代。

(2) 饲养层的制备。

A. 丝裂霉素C处理法。

a. 将2mg丝裂霉素C粉剂加入10ml PBS溶解，过滤除菌，0.5ml/管分装，−20℃避光保存；

b. 将1g明胶加入100ml注射用水中，高压灭菌，4℃保存，使用时取10ml加入90ml PBS，浓度为0.1%；

c. 长至80%～90%汇合的细胞，吸除培养基，取0.5ml丝裂霉素C溶液加入9.5ml DMEM液，混匀后加入培养皿（6ml/100mm皿），37℃孵育

2～3h；

d. 吸除丝裂霉素C液，加入PBS洗涤2次，去除残留的丝裂霉素C；

e. 加入6ml胰酶，室温下孵育5min，加入等体积的含血清培养基以终止消化；

f. 细胞悬液1000r/min离心5min，弃上清，沉淀以培养基重悬，计数，按 10^5 个/cm^2 细胞密度接种至0.1%明胶包被的培养皿。

B. γ射线照射。

a. 用γ射线照射培养在皿中的细胞，剂量为25～35Gy；

b. 照射后的细胞加入6ml胰酶，室温下孵育5min，加入等体积的含血清培养基以终止消化；

c. 细胞悬液1000r/min离心5min，弃上清，沉淀以培养基重悬，计数，按 10^5 个/cm^2 细胞密度接种至0.1%明胶包被的培养皿。

2）小鼠胚胎干细胞的分离培养

（1）免疫外科法分离内细胞团。

内细胞团来源于DBA1/LacJ、129/SvJ或C57BL/6品系的见栓3.5天孕鼠胚胎。

A. 材料与试剂。

a. 兔抗鼠血清：室温融解，56℃水浴30min以灭活补体，过滤除菌，−20℃保存；

b. 豚鼠血清：成年豚鼠1只，抽心脏血约5ml，缓慢注入锥形离心管内，2000r/min离心15min，吸出上层血清，过滤除菌，0.2ml/管分装，−20℃保存；

c. 0.5%链霉蛋白酶：10mg溶于2ml生理盐水中，过滤除菌，0.2ml/管分装，−20℃保存；

d. ES细胞培养液：高糖DMEM培养基，含20%FCS、1%非必需氨基酸、0.1mmol/L巯基乙醇、2mmol/L谷氨酰胺、50U/ml青霉素、50U/ml链霉素、1000U/ml LIF；

e. 见栓3.5天孕鼠。

B. 操作方法。

a. 孕鼠脱颈处死，剖开腹部，取下子宫角；

b. 37℃预热的含5%血清的培养液冲洗胚胎；

c. 0.5%链霉蛋白酶消化5min去除透明带，移入含10%FCS的DMEM培养液中培养3h；

d. 将胚胎移入1∶10稀释的抗鼠血清液滴中孵育30min，DMEM液滴洗3～5次，每次5min；

e. 移入1∶10稀释的豚鼠血清液滴中孵育15～30min，DMEM液滴洗；

f. 以尖端直径为 30~40μm 的细吸管轻轻吹打，分离出内细胞团，接种至饲养细胞上，37℃、5%CO_2、95%湿度条件下培养，每天更换 ES 细胞培养液。

(2) ES 样细胞扩增。

a. 内细胞团接种 24h 内贴壁，3~5 天后将出现具有典型大核且核仁明显的小细胞团，用细玻璃吸管取下；

b. 0.01%胰蛋白酶消化 2min，轻柔吹打，将打散的小细胞团和单细胞接种到新饲养细胞上，每天更换培养液；

c. 3~4 天后见边界清楚、细胞呈堆积状的典型干细胞集落，集落内细胞边界不清、细胞核大、核仁明显，5~6 天后集落增大至直径 100~200μm；

d. 机械法取典型集落，0.05%胰蛋白酶消化成单细胞，接种至新饲养细胞上，每天更换培养液，2 天后即可见多个干细胞集落，选取扩增顺利的集落建系；

e. 选取传代冻融过程中稳定的细胞株冻存，并挑单细胞克隆。

(3) 单细胞克隆。

a. 选核型正常的细胞用 0.01%胰蛋白酶消化成单细胞，接种到 35mm 培养皿，培养箱中放置 1h；

b. 换液，轻轻吹下贴壁细胞，移入另一培养皿，在解剖镜直视下用吸管将单个细胞移入铺有饲养细胞的 96 孔板；

c. 隔天更换培养液，待 5~7 天后可出现明显集落，用 0.01%胰蛋白酶将集落消化成单个细胞，接种到 35mm 培养皿，每天更换培养液；

d. 每 3 天传代并冻存部分细胞，挑选出核型正常的集落扩增，扩增正常后细胞系即建立。

3) 小鼠胚胎干细胞的鉴定

(1) 核型鉴定。

A. 材料与试剂。

a. 秋水仙素（Sigma 公司产品，C9754）：用水配成 5μg/ml 溶液，4℃保存，使用时稀释至 250ng/ml；

b. 低渗液：0.075mol/L 氯化钾溶液，使用前至 37℃温箱；

c. 固定液：甲醇：乙酸＝3：1，使用时新鲜配制；

d. 消化液：0.2%胰蛋白酶；

e. Giemsa 染液。

B. 方法及步骤。

a. 取增殖指数期的细胞（传代后 3 天），更换新鲜培养基，加入秋水仙素，继续培养 2h；

b. 吸出含秋水仙素的培养液，加入 0.05%胰蛋白酶/0.53mmol/L EDTA，室温下消化 5min，加入等体积含血清培养液终止消化；

c. 轻柔吹吸使细胞分散后，将细胞悬液移入离心管，1000r/min 离心 5min，弃上清；

d. 4ml 低渗液重悬细胞沉淀，37℃水浴 8min；

e. 加入固定液 1ml，混匀后 1500r/min 离心 10min，弃上清；

f. 加入固定液 4ml，重悬沉淀，混匀后 1500r/min 离心 10min，弃上清，重复固定 1 次；

g. 用 0.5ml 固定液重悬沉淀，将细胞悬液滴至浸在 0℃蒸馏水中的干净玻片上，晾干；

h. 65℃烤片 2h，将玻片放入消化液中消化 10s，加生理盐水终止消化；

i. Giemsa 染液染色 2min，自来水冲洗终止染色，晾干，显微镜下观察，核型分析。

C. 结果。小鼠胚胎干细胞核型为正常的 40XY。

（2）细胞表面标记检测。

A. 材料与试剂。

a. 大鼠抗 SSEA-1、SSEA-3、SSEA-4；

b. 鼠抗 TRA-1-60、TRA-1-81；

c. OCT-4；

d. FITC 标记山羊抗大鼠 IgG。

B. 方法及步骤。

a. 将培养在 4 孔板中的细胞用 4%多聚甲醛固定；

b. PBS 冲洗 3 次，每遍 5min，每孔加入 300μl 3%过氧化氢，室温下孵育 10min；

c. PBS 洗 3 次，每次 5min，分别加入 1∶200 稀释的抗 SSEA-1、SSEA-3、SSEA-4，4℃过夜；

d. PBS 洗 3 次，每次 5min，加入荧光标记的二抗（1∶50 稀释），避光 4℃孵育 1h；

e. PBS 洗 3 次，每次 5min，每孔加入 0.5ml PBS，立即在荧光显微镜下观察。

C. 结果。小鼠胚胎干细胞 SSEA-1 表达阳性，SSEA-3、SSEA-4 表达阴性，OCT-4 表达阳性。

（3）碱性磷酸酶检测。

A. 材料与试剂。

a. 碱性磷酸酶缓冲液：100mmol/L NaCl、5mmol/L $MgCl_2$、100mmol/L Tris-HCl（pH9.5）；

b. 碱性磷酸酶显色底物：NBT/BCIP；

c. 4%多聚甲醛。

B. 方法及步骤。

a. 取 35mm 培养皿中的细胞,吸除培养基,以 PBS 洗 1 遍,4%多聚甲醛室温下固定 30min;

b. PBS 洗 3 遍,每遍 5min;

c. 加入 1ml 缓冲液,NBT、BCIP 各 5μl,混匀,室温下避光孵育至显色满意;

d. 自来水冲洗以终止反应;

e. 显微镜下观察。

C. 结果。小鼠胚胎干细胞碱性磷酸酶表达阳性。

(4) 体内分化检测。

a. 取 10^7 个小鼠胚胎干细胞,悬浮于 0.1~0.2ml PBS 液中,注入 4 周龄裸鼠皮下,4~5 周后处死,取出瘤块;

b. 4%多聚甲醛固定,石蜡包埋,切片,HE 染色,显微镜下观察;

c. 结果:裸鼠皮下注入细胞后两周可触及包块,且包块进行性增大,组织切片鉴定含有来自 3 个胚层的组织细胞,如来自鳞状上皮组织、神经组织、软骨、柱状上皮等组织的细胞,证实所培养的细胞在体内条件下具有分化为 3 个胚层组织细胞的能力。

(三) 其 他 信 息

图像信息

如图 6-1 所示。

附表 6-3 和表 6-4。

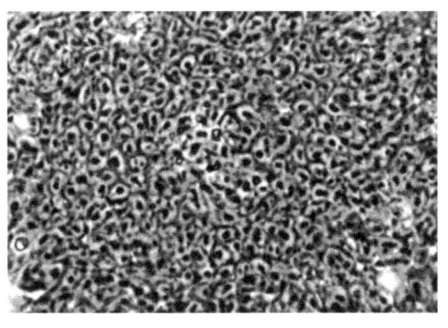

图 6-1 鼠 ES 细胞 (100×)

(四) 保藏信息及共享方式

(1) 保藏单位名称:军事医学科学院输血医学研究所、干细胞研究中心。

(2) 细胞保存方法:-196℃液氮冻存。

(3) 共享方式：可共享。
(4) 提供形式：冻存的或复苏的细胞均可。
(5) 获取途径：邮寄、自取或其他方式均可。

表 6-3　干细胞资源描述表

基本信息			
细胞名称(中、英文)(1)			
保藏编号(2)		保藏日期(3)	
来源历史(4)		其他保藏单位编号(5)	
分离人(6)		分离时间(7)	
特征特性描述信息			
组织来源(8)			
分离方法(9)	组织取材： 消化酶： 其他试剂及浓度：	离心转速和时间： 消化时间：	
培养条件(10)	培养基： pH 值： 温度： 添加成分： 培养器皿： 传代方法： 冻存方法：	CO_2 浓度： 抗生素：	
细胞生长特性(11)			
细胞形态特征(12)			
细胞表型特征(13)			
生物学特性(14)			
染色体核型(15)			
其他描述信息			
图像信息(16)			
参考文献(17)			
保藏单位信息及共享方式			
保藏单位名称(18)			
细胞保存方法(19)		共享方式(20)	
提供形式(21)		获取途径(22)	
联系人情况(23)	姓名： 地址： 电话： E-mail：	单位： 传真：	

表 6-4 小鼠胚胎干细胞描述举例

基本信息			
细胞名称(中、英文)(1)	胚胎干细胞、embryonic stem cell		
保藏编号(2)	mES-0001	保藏日期(3)	2005-12
来源历史(4)	军事医学科学院八所	其他保藏单位编号(5)	—
分离人(6)	—	分离时间(7)	—
特征特性描述信息			
组织来源(8)	孕鼠胚胎		
分离方法(9)	组织取材:孕 3.5 天胚胎　　离心转速和时间: 消化酶:0.5%链霉蛋白酶　　消化时间:5min 其他试剂及浓度:兔抗鼠血清孵育 30min、豚鼠血清孵育 15～30min、0.01%胰蛋白酶 2min		
培养条件(10)	培养基:高糖 DMEM pH 值:7.4　　　　　　　CO_2 浓度:5% 温度:37℃　　　　　　　抗生素:各 50U/ml 青霉素和链霉素 添加成分:20%FCS、1%非必需氨基酸、0.1mmol/L 巯基乙醇、2mmol/L 谷氨酰胺、1000U/ml LIF 培养器皿:35mm、60mm、100mm 培养皿 传代方法:0.01%胰蛋白酶消化成单细胞,1:6 接种到 35mm 培养皿 冻存方法:−196℃液氮冻存		
细胞生长特性(11)	细胞倍增时间:24h		
细胞形态特征(12)	细胞呈堆积状的典型干细胞集落,集落内细胞边界不清、细胞核大、核仁明显		
细胞表型特征(13)	SSEA-1 阳性,SSEA-3、SSEA-4 阴性,OCT-4 阳性,碱性磷酸酶阳性		
生物学特性(14)	在体内条件下具有分化为 3 个胚层组织细胞的能力		
染色体核型(15)	40XY		
其他描述信息			
图像信息(16)	略[见上述(三)其他信息]		
参考文献(17)	略[见上述(三)其他信息]		
保藏单位信息及共享方式			
保藏单位名称(18)	军事医学科学院输血医学研究所、干细胞研究中心		
细胞保存方法(19)	−196℃液氮冻存	共享方式(20)	可共享
提供形式(21)	冻存或复苏细胞	获取途径(22)	邮寄、自取或其他
联系人情况(23)	姓名:施双双　　　　单位:军事医学科学院输血医学研究所 地址:北京市海淀区太平路 27 号 电话:010-66931974　　　传真:010-68164807 E-mail:peixt@nic.bmi.ac.cn		

起草单位:军事医学科学院野战输血研究所
修改执笔人:裴雪涛　闫　舫
2007 年 7 月

第七章 生物制品生产用细胞资源描述规范（试行）

一、引　言

生产用细胞是指可以用于生物制品生产用的哺乳动物细胞。并不是所有的细胞都可用于生物制品生产，迄今为止，国内外只有有限的细胞株/系被批准用于生产或正在研究用于生物制品生产，如原代细胞、人源二倍体细胞株 MRC-5、WI-38、2BS 及 KMB17、猴源二倍体细胞株 FRhL-2；连续传代细胞系 VERO、重组 CHO 细胞、重组 SP2/0、重组 NS0 细胞、BHK-21、HEK293、C127。但由于新型疫苗的需求，也对细胞基质的需求提出了巨大的挑战，肿瘤细胞、新型设计细胞开始出现于新型疫苗的研究。为了规范生产用细胞资源的保藏、整理、整合、数据库构建与信息共享，特制定本描述技术规范。

二、适用范围

本技术规范适用于生物制品生产用细胞的描述，是细胞收集、保藏、整理、整合及资源数据库建立、信息共享网络平台构建的基本要求。

三、规范性引用文件

下列文件中的条款通过本规程的引用而成为本规程的条款。凡是注日期的引用文件，其随后所有的修改单（不包括勘误的内容）或修订版均不适用于本规程，然而，鼓励使用这些文件的最新版本。凡是不注日期的引用文件，其最新版本适用于本规程。

《中国药典》三部
《病原微生物实验室生物安全管理条例》国务院令第 424 号，2004
《实验材料资源共性描述规范》科技部自然科技资源平台联合管理办公室文件
《实验材料资源分类编码体系》科技部自然科技资源平台联合管理办公室文件

四、定义和术语

下列定义和术语适用于本规程。

1. 生产用细胞基质

是指可用于生物制品/生物技术产品生产的,来源于人或动物的细胞系/株。生产非重组制品所用的细胞基质是来源于未经修饰的用于制备其主细胞库的亲本细胞系/株细胞。生产重组制品的细胞基质是含有特定序列的,从单个前体细胞克隆而来的转染细胞。生产杂交瘤制品的细胞基质是通过亲本骨髓瘤细胞系与另一亲本细胞融合而得的杂交瘤细胞系。

2. 原代细胞

是通过直接消化正常动物的组织而获得的细胞。它具有相对容易培养,对多种病毒敏感,且可采用微载体的方法用生物反应器培养。但由于原代细胞易受到感染因子的污染、不同动物来源的细胞的质量及敏感性缺少可控性,以及非人灵长类细胞来源的限制等多种不利因素的影响,原代细胞在将来可能会被其他细胞基质所取代。

3. 二倍体细胞

来源于人或猴源的正常细胞,具有有限的体外增殖能力而达到生长静止期,无致瘤性,染色体核型表现为二倍体核型,但染色体数目和结构会出现低频率的异常,可采用细胞库体系,易于质量控制及标准化。至今为止,国内外批准用于疫苗生产的二倍体细胞株主要有人源细胞 WI-38、MRC-5、2BS 和 KMB17,猴源二倍体细胞为 FRhL-2。

4. 连续传代细胞系

通过人或动物原代肿瘤细胞多次传代,或采用致肿瘤性病毒体外转化正常细胞,或正常细胞体外多次传代而自发转化产生的新细胞,或通过骨髓瘤细胞与抗体产生 B 淋巴细胞融合而获得的具有体外无限生命周期的细胞系,通常在生物反应器中表现为贴壁或悬浮状态。连续传代细胞系可采用细胞库体系管理,同二倍体细胞一样,易于质量控制及标准化,其营养需求低于二倍体细胞,且可用于微载体培养。

5. 重组细胞系

指通过 DNA 重组技术获得的含有特定基因序列的细胞系,用于重组生物技术产品生产,如人源化抗体、凝血因子、酶及激素等生物大分子。

五、描述规范基本要求

（1）描述标准应科学、规范，内容应翔实、清楚，条理应力求完整、系统，语言应准确明了、易于理解。

（2）描述内容不仅应包括细胞的基本信息，还应根据细胞的特性、特殊的生长条件、用途而详细描述。

（3）描述内容应真实、准确，无歧义。

六、生产用细胞描述规范

（一）基本信息

1. 细胞系/株名称（1）

指细胞系/株的英文名称和（或）中文名称，如有别名也应注明。对于重组细胞，细胞名称应能体现其重组特性。

2. 细胞系/株编号（2）

应建立细胞株编号原则，每一细胞系/株的保藏编号应为唯一编号，不得与其他细胞编号混淆。

3. 细胞系/株代次（3）

应注明细胞系/株的代次，对于重组细胞系，也应建立重组细胞的传代代次水平。

4. 细胞系/株批号（4）

应注明细胞系/株制备的批号。

5. 细胞系/株保藏日期（5）

应说明保藏该细胞的日期。格式为YYYYMMDD，其中YYYY为年，MM为月，DD为日，如20070715。

6. 细胞系/株保藏方式（6）

系指细胞系长期保藏的方式，如液氮液相、气相。

7. 细胞系/株来源（7）

应明确注明该细胞系来源的途径，包括细胞来源机构名称、来源细胞的原编号、细胞数量、细胞来源批号、细胞来源代次等信息。如细胞系经过多个保藏机构或单位，则应尽可能说明其经历过程。如果是重组细胞，也应说明宿主细胞来源的相关信息。

8. 细胞系/株历史（8）

应描述细胞系/株建立的相关信息，包括细胞分离机构及细胞建株时间、细胞分离时所用的培养液及其添加成分，特别是动物源性材料。如果细胞经过多个保藏机构，则应尽可能详细说明细胞的传代历史过程，包括其所用过的动物源性材料。如果细胞经过了无血清培养的驯化，则应简述细胞的驯化过程。如果是重组细胞，则应提供有关细胞构建的详细信息，包括基因来源、克隆构建方法、基因转染方法、细胞筛选方法、细胞选择压力等。

9. 细胞系/株形态生长特性（9）

应明确描述细胞系/株的形态、生长特性及细胞倍增时间。细胞形态如似上皮样、似成纤维样、似淋巴母细胞样、星形样、多形样等；细胞生长为贴壁生长、悬浮生长、半贴壁生长或贴壁与悬浮混合生长等。应尽可能提供细胞形态图像。如细胞经过改造后形态发生改变，如从贴壁生长变为悬浮生长，应说明。

10. 细胞培养用原材料及培养条件（10）

应描述细胞系/株的培养用原材料的来源及培养条件，包括基础培养基名称、添加成分名称及其浓度、血清来源及使用浓度、消化液名称及浓度、传代方法及传代比率、培养温度、pH 值、通气条件、冻存液及冻存方法。

11. 细胞库体系（11）

应建立细胞库体系，明确规定主细胞库、工作细胞库的代次及批次，并说明各级库的数量及保存位置。同时，还应明确规定细胞的生产用代次及生产用最高限制代次。

（二）细胞检定信息

1. 细胞鉴别（12）

应说明细胞鉴别的方法。细胞鉴别的方法可以有多种，包括遗传分析（如染色体数及核型分析、DNA 指纹图谱、STR 图谱等）、生化分析（如同工酶图谱分析）、表面标志分析（如荧光抗体染色）等。可以采用一种或多种方法，证明细胞为本细胞，无其他细胞的污染。如果是重组细胞，除进行上述细胞鉴别外，还应对插入序列及表达产物进行鉴别。

2. 细胞系外源因子污染检查

1）细菌、真菌污染的检测（13）

应按照《中国药典》三部附录《无菌检查法》及《实验细胞无菌检测操作规程》进行检测，细胞应无细菌、真菌的污染。

2）支原体污染的检测（14）

应按照《中国药典》三部附录《支原体检查法》及《实验细胞支原体检测操作规程》进行检测，细胞应做支原体污染检测。

3）一般外源病毒检查（15）

应按照《中国药典》三部通则《生物制品生产用动物细胞的制备与检定规程》的要求进行检测，包括体外不同细胞传代培养检查、动物及鸡胚体内接种检查。细胞应无外源病毒污染。

4)特殊外源病毒检查（16）

根据细胞的种属来源、组织来源、传代历史等，对不同的细胞进行相应的特殊外源病毒检查。应尽可能考虑可能的病毒种类，详细说明所检测病毒的种类及检测方法。细胞应无病毒污染。

5)逆转录病毒检查（17）

应按照《中国药典》三部通则《生物制品生产用动物细胞的制备与检定规程》的要求进行检测。如果细胞含有逆转录病毒样颗粒或缺陷型逆转录病毒，应证明这些病毒对人源细胞无感染性。

3. 致肿瘤性试验（18）

应按照《中国药典》三部通则《生物制品生产用动物细胞的制备与检定规程》的要求进行检测。对于新建细胞系/株，应尽可能分析细胞的致瘤特性。

（三）其他信息

1. 图像信息（19）

尽可能提供细胞系/株的形态图。

2. 文献信息（20）

应提供与细胞系/株有关的重要参考文献。

附表 7-1 和表 7-2。

表 7-1 生物制品生产用细胞描述规范表

基本信息				
细胞系/株名称(1)			细胞编号(2)	
细胞系/株代次(3)			细胞系/株批号(4)	
保藏日期(5)			保藏方式(6)	
细胞来源(7)	来源机构			
	细胞编号		细胞批号	
	细胞代次		细胞数量	
历史资料(8)				
细胞形态生长特性(9)	细胞形态		生长特性	
	倍增时间			

续表

基本信息						
培养用原材料及培养条件(10)	培养基					
	血清名称及来源			使用浓度		
	特殊添加成分	名称				
		来源				
		终浓度				
	消化液					
	冻存液					
	传代方法及传代比例					
	CO_2浓度					
	培养温度					
	pH值					
细胞库系统(11)	原始细胞库	代次			数量	
		保存位置				
	主细胞库	代次			批号	
		数量			保存位置	
	生产细胞库	代次			批号	
		数量			保存位置	
	生产用细胞代次					
	生产用最高限制代次					
细胞检定信息	鉴别试验(12)	同工酶分析				
		细胞核型特征	染色体数目		特征染色体	
		DNA指纹图谱				
	细菌、真菌(13)					
	支原体检查(14)					
	外源病毒检测(15)	体外培养法				
		动物体内接种				
		鸡胚接种				
	逆转录病毒(16)					
	特殊外源病毒(17)					
	致瘤性(18)					
特性、特征及用途						

续表

重组细胞				
亲本细胞	细胞名称		来源	
	特征		细胞代次	
	亲本细胞检定资料		同工酶鉴别试验	
			细菌、真菌	
			支原体	
			外源病毒	
			逆转录病毒	
			特殊外源病毒	
			致瘤性	
载体名称及特征				
插入基因				
转染试剂				
转染方法及过程				
筛选方法及过程				
克隆化过程描述				
重组细胞稳定性	插入基因序列			
	转录水平			
	表达量			
	表达时效			
	生物学活性			
细胞系应用情况				
联系人情况	姓名：		单位：	
	地址：		电话：	
	传真：		E-mail：	

表7-2 生物制品生产用细胞描述实例

基本信息					
细胞系/株名称(1)			细胞编号(2)		
细胞系/株代次(3)			细胞系/株批号(4)		
保藏日期(5)			保藏方式(6)		
细胞来源(7)	来源机构				
	细胞编号		细胞批号		
	细胞代次		细胞数量		
历史资料(8)					
细胞形态生长特性(9)	细胞形态		生长特性		
	倍增时间				
培养用原材料及培养条件(10)	培养基				
	血清名称及来源			使用浓度	
	特殊添加成分	名称			
		来源			
		终浓度			
	消化液				
	冻存液				
	传代方法及传代比例				
	CO_2浓度				
	培养温度				
	pH值				
细胞库系统(11)	原始细胞库		代次		数量	
		保存位置			
	主细胞库		代次		批号	
			数量		保存位置	
	生产细胞库		代次		批号	
			数量		保存位置	
	生产用细胞代次				
	生产用最高限制代次				

续表

基本信息						
细胞检定信息	鉴别试验(12)	同工酶分析				
		细胞核型特征		染色体数目		特征染色体
		DNA 指纹图谱				
	细菌、真菌(13)					
	支原体检查(14)					
	外源病毒检测(15)	体外培养法				
		动物体内接种				
		鸡胚接种				
	逆转录病毒(16)					
	特殊外源病毒(17)					
	致瘤性(18)					
特性、特征及用途						

重组细胞				
亲本细胞	细胞名称		来源	
	特征		细胞代次	
亲本细胞检定资料		同工酶鉴别试验		
		细菌、真菌		
		支原体		
		外源病毒		
		逆转录病毒		
		特殊外源病毒		
		致瘤性		
载体名称及特征				
插入基因				
转染试剂				
转染方法及过程				
筛选方法及过程				
克隆化过程描述				

续表

重组细胞		
重组细胞稳定性	插入基因序列	
	转录水平	
	表达量	
	表达时效	
	生物学活性	
细胞系应用情况		
联系人情况	姓名：	单位：
	地址：	电话：
	传真：	E-mail：

起草单位：中国药品生物制品检定所
修改执笔人：孟淑芳　王佑春
2007 年 7 月

第八章 原代培养细胞资源描述规范

一、适 用 范 围

本规范规定了原代培养细胞的描述内容和描述规范。

本规范适用于原代细胞系的建立、使用、整理和保藏，以及数据库和信息网络系统的建立。

二、规范性引用文件

《动物细胞培养——基本技术指南》（第四版），北京：科学出版社，2004

《人类肿瘤细胞培养》，北京：化学工业出版社，2005

三、定义和术语

1. 取材

理论上讲各种动物和人体内的所有组织都可以用于培养，实际上幼体组织（尤其是胚胎组织）比成年个体的组织容易培养，分化程度低的组织比分化高的容易培养。体内细胞生长在动态平衡环境中，而组织培养细胞的生存环境是培养瓶、皿或其他容器，生存空间和营养是有限的。在无菌环境下从机体取出某种组织细胞（视实验目的而定），经过一定的处理（如消化分散细胞、分离等）后接入培养器皿中，这一过程称为取材。

2. 原代培养细胞

原代培养（primary culture）又名初代培养，即直接从有机体取下细胞、组织、或器官，将取得的组织细胞接入培养瓶或培养板中，让它们在体外维持与生长，即称为培养。首次培养称为原代培养。原代培养的特点是细胞或组织刚离开机体，它们的生物性状尚未发生很大的改变，一定程度上可反映它们在体内的状态，表现出来源组织或细胞的特性，因此用于药物实验，尤其是药物对细胞活动、结构、代谢、有无毒性或杀伤作用等是极好的工具。常用的原代培养法有组织块培养法及消化培养法。

3. 传代

当细胞增殖达到一定密度后，则需要分离出一部分细胞和更新营养液，否则将影响细胞的继续生存，这一过程叫传代（passage 或 subculture）。

4. 细胞系

原代培养物开始第一次传代培养后的细胞，即称之为细胞系（cell line）。这个系的细胞是由许多于原代培养中就存在的表型相似或不同来源的世系（lineage）组成。它的生存期可以是有限的，也可以是连续的。

5. 细胞株

细胞株是来自原代培养成细胞系的具有特殊性质或特别标记的细胞所形成，它也可以是有限的或是连续的。

6. 有限细胞系

正常的动物体细胞在培养中，经传代培养一定代数后即使培养条件均能满足细胞繁殖生长，它们也不能继续生存，这种细胞系通常称为有限细胞系（finite cell line）。

四、描述规范制定原则和方法

1. 原则

（1）遵循实验细胞共性描述规范。

（2）描述内容清楚、准确，力求完整。

2. 方法

（1）遵循实验细胞共性描述符号和编码规则。

（2）增加必须描述要素，如建立方法。

（3）增加资源归类编码和新增物种的资源归类编码规则。

五、共性描述规范

（一）基本信息

1. 平台资源号

国家自然科技资源e平台统一生成的资源编号。

2. 资源编号

实验细胞资源统一的编号，由前缀和细胞编号两部分组成，前缀为保藏该细胞的保藏机构名称的英文缩写和编号。

3. 资源名称

原代培养细胞的命名原则，器官名称加组织细胞名称。

4. 资源外文名

对于来自不同种动物的原代细胞，应该指明该物种的拉丁学名，包括属名、种加词或定名人、定名时间。

5. 研制培育机构或培育人

研制和培育该实验细胞的培育机构或培育人。

6. 研制培育年份

该细胞被成功建立的年份。

7. 组织来源

该细胞来源的原始组织信息。

8. 保存单位

保存该细胞系的资源保存单位的名称。

（二）标 记 信 息

1. 资源归类编码

国家自然科技资源平台实验细胞资源分级归类与编码标准中的编码。

2. 代数

是指该细胞在体外传代的次数。传代的频率或间隔与培养液的性质、接种细胞数量和细胞增殖速度等有关。

3. 主要特征

指细胞在体外培养时是贴附生长还是悬浮生长。

4. 主要用途

指细胞是用于研究还是生产。

（三）基本特征特性描述信息

1. 微生物质控

实验细胞资源的微生物质量控制，无外源微生物污染。

2. 遗传特性

原代细胞、有限细胞系、连续细胞系。

3. 组织器官来源

指该细胞系取材于正常组织、肿瘤组织或其他。

4. 特征特性

原代细胞，可列出其二倍染色体数目，或标记染色体，活特异表达的分子标记等。

5. 图像

细胞生长形态图、常规核型图、G 带核型图、生化特征电泳图等图像信息。图像格式为 .jpg。

6. 记录地址

该细胞系资源详细信息的网址或数据库记录链接。

（四）保存单位信息

1. 保存单位

　　保存该细胞系的保存单位的名称。

2. 单位编号

　　保存该细胞系的保存单位的编号。

3. 库编号

　　该细胞系在保存单位资源库中的编号。

4. 引种号

　　该细胞系从国外或国内引入时的编号。

5. 保存资源类型

　　原代培养细胞系的类型为二倍体细胞。

6. 保存方式

　　冷冻。

7. 保存条件

　　液氮（－196℃）。

（五）共 享 方 式

1. 共享方式

　　非盈利性共享，合作研究共享；资源交换性共享。

2. 获取途径

　　邮寄托运；现场获取（包括定点送货）。

3. 运输条件

　　常温，其他。

4. 联系方式

　　网上订购、电话、传真、电子邮件。

5. 联系信息

　　包括联系人、单位、邮编、地址、电话、传真、E-mail 等。

　　附表 8-1～表 8-3。

表 8-1　原代培养细胞描述简表

基本信息			
平台资源号(1)		资源编号(2)	
资源名称(3)		资源外文名(4)	
研制培育机构或培育人(5)		研制培育年份(6)	
来源(7)		保存单位(8)	

续表

标记信息			
资源归类编码(9)		代数(10)	
主要特征(11)		主要用途(12)	
基本特征特性描述信息			
微生物质控(13)		遗传特性(14)	
组织器官来源(15)	正常组织	特征特性(16)	
其他描述信息			
图像(17)		记录地址(18)	
保存单位信息			
保存单位(19)		单位编号(20)	
库编号(21)		保存方式(22)	
保存条件(23)	液氮(−196℃)		
共享方式			
共享方式(24)		获取途径(25)	
运输条件(26)		联系方式(27)	
联系信息(28)	单位名称： 联系人姓名： 地址/邮编： 电话：　　　　　　　　传真： E-mail：		

表 8-2　典型资源描述示例

基本信息			
平台资源号(1)		资源编号(2)	
资源名称(3)	小鼠胚胎成纤维细胞	资源外文名(4)	CCC-MEF
研制培育机构或培育人(5)	中国医学科学院基础医学研究所细胞中心	研制培育年份(6)	2001
来源(7)	自建	保存单位(8)	中国医学科学院基础医学研究所细胞中心
标记信息			
资源归类编码(9)	31151319102	代数(10)	P3
主要特征(11)	贴壁生长	主要用途(12)	研究
基本特征特性描述信息			
微生物质控(13)	无外源微生物污染	遗传特性(14)	有限细胞系
组织器官来源(15)	正常组织	特征特性(16)	$2n=40$

续表

其他描述信息			
图像(17)		记录地址(18)	国家实验细胞资源平台
保存单位信息			
保存单位(19)	中国医学科学院基础医学研究所细胞中心	单位编号(20)	3111C0001
库编号(21)		保存方式(22)	冷冻
保存条件(223)	液氮(-196℃)		
共享方式			
共享方式(24)	非盈利性共享	获取途径(25)	邮寄托运;现场获取(包括定点送货)
运输条件(26)	其他	联系方式(27)	网上订购、电话、传真、电子邮件
联系信息(28)	单位名称:中国医学科学院基础医学研究所 联系人姓名:王春景 刘玉琴 地址/邮编:北京东单三条5号,100005 电话:010-65286441,65296455, 传真:010-65296473 E-mail:ccc@pumc.edu.cn		

表 8-3 原代培养记录表

日期　　　　　时间　　　　　操作者

组织来源	种属	记　录
	种族和品系	
	年龄	
	性别	
	病理号或动物编号	
	组织	
	部位	
	组织/DNA保藏位置	
组织病理学检查		
解离制剂	胰酶、胶原酶、其他	
	浓度	
	孵育时间	

续表

组织来源	种属	记录
	所用溶剂	
细胞计数	重悬后浓度	
	体积	
	细胞产量	
	每克组织产量	
接种	培养容器数量、类型(瓶、皿、孔板)	
	终浓度	
	每容器体积	
培养基	种类	
	批号	
	血清类型和浓度	
	批号	
	其他添加物	
	CO_2浓度	
包被基质	如FN、胶原、人工基底膜	
其他		

起草单位：中国医学科学院基础医学研究所
修改执笔人：刘玉琴
2007年7月

第二部分
实验细胞资源保藏机构（中心/库）管理规范

第九章 总 则

第一节 实验细胞资源保藏机构（中心/库）的作用及意义

一、实验细胞的概念

实验细胞，简而言之，就是在医学及生命科学各研究领域所使用的体外培养的细胞，以哺乳动物细胞为主。在20世纪初期的研究工作中，哺乳动物体内任何一种细胞的体外培养的成功，就是一项很有价值的研究。1907年，Harrison首次用自己设计的组织培养方法示范了蛙胚胎神经细胞在体外的生长活动，之后组织（细胞）培养为细胞的体外研究开辟了新途径。各国科学家积极努力探索，在长期的研究工作中，积累了大量培养的细胞系/株。从最早建立鼠结缔组织 L 系及人宫颈癌 HeLa 细胞系（1954年），到今天的近60年间，国际上建立的各种正常的及肿瘤的细胞系/株及其克隆、转化系、突变系、杂交系，以及有限生存期的各种人的成纤维细胞及白细胞等，总数已很难估计。在国内，建立我国自己的细胞系/株的重要性已被广大科研工作者所认识。过去20年来国内建成的各种细胞系/株及克隆、杂交瘤等迅速增加，其中不仅包括危害国民健康最大的9种肿瘤：食管癌、肝癌、鼻咽癌、白血病、肺癌、胃癌、宫颈癌，还包括动物来源的各种肿瘤细胞、二倍体细胞（用于疫苗生产）、大量的单克隆抗体细胞、基因工程改造细胞及干细胞等。今后，作为医学、生命科学的研究的源头材料，国内各方面的科研工作对培养细胞的需要将日益增多，而且从中做出在国际上举足轻重的成绩也将日益增加。

经过近百年的进展，人们更加认识到利用组织培养进行的研究工作，不仅可以在许多方面与体内的研究互相补充，而且具有体内实验不可替代的优势，成为体内、体外研究的两大途径，缺一不可。

二、实验细胞资源的保存方式和特点

培养细胞可常规保存在液氮容器内。用这个方法既可以减少频繁传代中细胞被污染的机会，而且也可以减少细胞变异的机会。在比较同一系前后几代的变异时，"几代同堂"的实验是完全可行的。细胞降温时必须加保护剂以改变细胞膜的渗透性，减少细胞的水分，防止在细胞内产生大量冰晶。冰冻降温速度以每分

钟降1℃最好。太慢则冰晶易于形成,太快则水分来不及从细胞内渗出来。

一般实验室或科研课题组,通常使用一种或数种细胞,自己建立或从其他实验室引进。自建细胞费时费力,细胞还需经多种方法鉴定后方可使用。以细胞为实验对象进行研究的实验室,经多年积累后,可保存有十几种甚至几十种细胞。这些细胞通常保存在小型液氮罐中,需定期向罐中添加液氮。时常有实验室因液氮没有及时补充而造成所保存细胞全军覆没。这种小作坊式的细胞保存,一方面由于缺乏对细胞质量的控制,特别是细胞传代后性质变化不清;另一方面由于缺乏系统的管理,经常发生标记不全、不清等而无法确定细胞的确切名称、来源等。

目前,在一些发达国家都已广泛建成具有规模效应的细胞培养中心和细胞中心/库,美国、日本、德国、意大利等国家都有专门的细胞保藏机构。世界上最大的生物保藏组织是美国的 American Type Culture Collection(ATCC)。ATCC 保藏着几千株人和动物细胞株、工程细胞株,每年向世界分发几万株细胞,对科学和经济的发展起到了不可估量的作用。细胞中心/库是一种集约化的培养细胞保藏管理模式,有严格的管理规章,专门的工作人员,严格的质量控制体系及服务体系。虽然其建立需要较多资金,将保存的细胞进行严格鉴定也需要专门人才,平时也需要维持费用,但是细胞中心/库为体外培养细胞的研究工作将带来不可比拟的好处。细胞中心/库能确保所用的细胞品种可靠、质量健康、使用方便等。每种细胞都带有它自己的家谱历史及特征,研究人员可以选择自己需要的品种;另一方面,凡是有所建树的研究人员,也可以通过细胞中心/库将自己的成果公之于众,使需要的人不必再自己去费力重复,研究人员可以通过这个机构分享别人的进展,减少重复,节约费用及负担,积极控制质量,介绍经验。细胞中心/库的严格检验制度可以剔除那些有问题的品种,从源头上把关,保持科研工作的高质量。

三、实验细胞资源保存的作用和意义

"一切生命的奥秘都需要在细胞中寻找"。细胞是最基本的生命单位,它具备生命个体固有的遗传信息和功能特性。生命科学发展到今天,已从分子、基因水平上开始认识人类各种疾病的发生发展机制。人类基因组计划的实施,已完成了人体各染色体的测序,绘出了人类基因的蓝图。接下来功能基因组及疾病基因组的研究,也都必须借助于体外培养的细胞来完成。一个一个基因的功能借助于体外培养细胞这样单纯的实验体系,明确其在细胞正常活动或疾病细胞中的作用,然后在到体内加以验证。目前所具有的实验细胞材料尚不能满足各种不同基因研究的需要,收集、整理和保藏医用实验细胞,发展各种天然和工程的生物活体材料,为生命科学和医学的基础研究、生物技术产业化和医疗卫生事业的发展以及生物遗传资源的保护提供重要的支撑条件和技术手段,具有重要的社会和经济意义。正如动物实验中的实验动物的质量对工作的成败起着决定性的作用一样，离体培养细胞的质量对体外实验也是举足轻重的。因此，必须加强对细胞系/株的质量管理。此外还要做到保证供应、有利于交流及提高研究质量等。

第二节　实验细胞资源保藏机构（中心/库）的工作内容

作为实验细胞资源保藏机构（中心/库），其工作内容随着科技发展的需求而不断改变。现阶段我们的工作目标在于建成一个与国际接轨，面向全国的，集科研、服务、培训等多功能为一体的实验细胞中心，和保藏品种齐全、资料丰富、可靠的实验细胞中心/库，为提高我国生命科学研究水平和培养高水平的人才，提供高质量的支撑和服务。

一、实验细胞资源保藏体系的建设

研究建立一套符合我国实际情况的实验细胞收集、整理保藏的策略和方法。主要包括收集细胞的种类、来源、保藏分类、质量控制、保藏方式、保藏规模等。对于细胞保藏的种类，首先从我国科研、教学、开发等科技活动的实际需要出发，有选择地收集保藏国内急需细胞。首先结合国内长期积累的细胞培养研究经验和已有的细胞系/株，引进急需的细胞系/株。收集、建立并保藏包括人体各主要系统及重要的国家重点保护动物的细胞系/株。并不断扩大库容，使之成为服务于医疗与科研单位的全国性实验细胞保藏中心。在已有库存基础上，根据国内研究特色，按国际标准精选置换，争取每年保藏细胞不断增加。由于细胞在体外培养过程中，随着培养条件的改变其表型和特性可能会发生改变，因此实验细胞中心/库所保藏的细胞其来源一定要清楚可靠，也就是说对所保藏的细胞背景如来源、传代情况、培养条件等都应有明确的历史记录。

实验细胞中心所有入库细胞均严格按标准的程序操作，使用经检验合格的培养基、血清、消化液、冻存液等，使用可靠的进口培养瓶等一次性耗材。细胞的储存采用液氮冷冻保藏，其在液氮中存放的器具、细胞排列方式、每株细胞保藏数量都应细致、周密计划、安排。与有关厂家共同设计制作细胞保藏盒、架等。每株细胞冻存数量主要应根据其使用频率，可分别储存 20 支、40 支冻存管或更多，还要参考保藏设备的容量。

二、实验细胞资料信息库的建立和完善

我们将广泛收集有关细胞培养和传代细胞系及永生细胞系的有关资料，内容包括分离、采集和培养方法，细胞系/株的历史，传代生长条件，变异情况，编

制细胞培养资料信息库软件,追踪其发展和演变情况,不断加以补充,以备研究人员选择参考。除保证随时提供信息外,还协助提供或引进特殊辅助材料和试剂,先进的分离培养方法和条件或有关的细胞系/株,以满足研究人员的需要,提高国内细胞培养工作的水平。

三、实验细胞质量控制体系的建设

(一)细胞的质量控制

所有细胞均应进行质量检测,合格后再培养、扩增,入库保藏。首先,确立细胞质量检测的指标,细胞质量的检测主要包括:无细菌污染、无霉菌污染、无支原体污染。前述几项合格后还将对保藏的细胞系/株做染色体分析、同工酶谱检测、病毒产生型细胞的电镜观察、生长特性观察、骨髓瘤细胞的融合率测定、杂交瘤细胞的抗体分泌性测定等。使库存细胞达到国际标准。其次,建立前述各种检测分析方法和技术,对所保藏的细胞系/株进行全面质量检测并最好能对外提供细胞质量检测服务。另外,还要研究不同保护剂的使用剂量、冻存温度和时间等对细胞存活率的影响,找出最佳的冻存条件。细胞培养技术已是许多实验室的常规技术。但由于培养设施、方法及操作人员培训不够规范,培养细胞的质量往往不能保证,使研究工作的结果重复性或可靠性差。支原体污染很难识别、排除,是目前培养工作中最难解决的问题之一。实验细胞中心/库应在这方面下工夫,开展多种方法的支原体检测,如支原体检测的PCR法、指示细胞DNA染色法、培养法、电镜法。开展实验细胞染色体的检查,开展实验细胞同工酶检测,开展实验细胞DNA及蛋白水平共性或个性的检测。这些方法各有优缺点,互相补充,发挥各自作用。

(二)细胞培养制剂的质量控制

细胞培养使用的各种制剂的质量对细胞培养的成功及质量稳定起至关重要的作用。实验细胞资源中心/库应引进和研制各类标准培养基,建立自己的培养基配制和使用操作规范,满足实验细胞培养和保藏的需要。制剂质量控制同样需先确定检测指标,如选用市场上质量可靠的品牌,开展pH值、渗透压、无菌检测、细胞培养使用等质量控制检测。细胞培养一定要使用合格的制剂。这些检测技术成熟,需要相应的仪器设备。特别需指出的是细胞培养中胎牛血清的使用。胎牛血清的质量是细胞培养成功与否的最关键因素。

四、实验细胞资源服务体系的建设

实验细胞中心/库的建设应以技术规范为依据,实验细胞标准化整理为保障,实验细胞基础信息服务为手段，实验细胞资源的实物共享为核心，持续发展为宗旨。

（一）实验细胞信息共享

实验的背景、特性等信息，通过数字化信息描述，以方便快捷的网络平台，为科研人员提供分级共享。实验细胞信息的数字化、网络化，可极大地方便科研人员查找，相关资源的背景信息，便于科研人员参考、决策。对于提高资源的利用率有不可估量的作用。

（二）实验细胞实物共享

细胞中心/库库存细胞应按照公认的规范进行质量控制，进行标准化整理，合格的实验细胞，应提供科研人员共享使用，发挥资源的作用，为国民经济建设服务。

（三）技术咨询、培训与技术服务

加强细胞系/株的对外供应，结合医疗、科研单位的需要进行方法学上的探索和协作研究，加强国际交流，促进有关细胞培养新技术、新方法的研究和推广应用，不断提高相关研究的水平和服务质量。在目前每年对外供应1000～2000株的基础上逐年递增，逐渐完善国内细胞供应网。举办全国性学术讨论会和地区性学习班。积极参加、争取举办国际性学术研讨会，掌握国际上本领域的动态。

实验细胞中心/库作为科技部基础性工作及自然科技资源共享平台建设的成果，资源、信息准确可靠，质量控制严格规范，服务培训以第一线需要出发，积极参与前沿研究，加强国内外交流，争取把配套试剂的规范纳入计划，更好地为科研服务。

总之，实验细胞资源保藏机构（中心/库）的工作内容丰实而复杂，总体运行流程概括如图9-1所示。

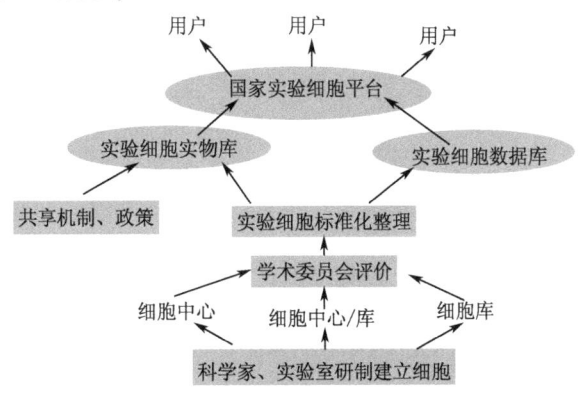

图9-1　实验细胞资源保藏及服务运行流程

第十章 实验细胞资源保藏机构管理体系

第一节 实验细胞资源中心/库的机构设置

实验细胞资源中心/库应有科学的管理体系,应聘请相关学科的教授、专家组成专家学术/管理委员会,对项目实施负责监督、把关,对项目实施过程中出现的问题进行咨询、决策。应聘请具有高级职称的专职工作人员参与学术管理委员会,并由委员会全面负责实验细胞资源中心/库的规划、组织、实施。还可聘请老一辈的细胞培养领域的杰出教授等担任顾问,或聘请国外相关机构的负责人担任名誉主任/教授,直接参、指导工作,以便我们的工作能与国外同类工作接轨。实验细胞资源中心/库的基本框架如图10-1。

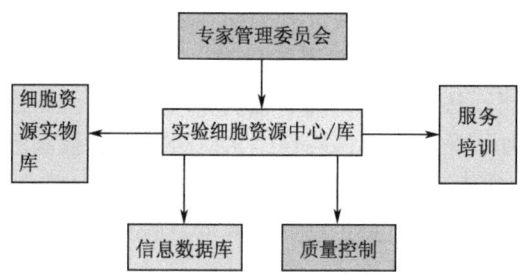

图10-1 实验细胞资源中心/库的基本框架图

实验细胞资源中心/库还应建立健全各种规章制度,并严格执行各项规章制度。规章制度是中心高质量和高水平的保证,是规范管理的保证。只有认真按规章办事才能使中心建立起信誉,被大家认可。

实验细胞中心/库的各项工作,应按照规范程序进行。所有工作均应制定标准操作规程(standard operation procedure,SOP)。以此来规范各项实验操作和细胞的出入库等。中心工作人员各有侧重,各负其责。但也相互配合,形成了认真、规范、高效、严格的工作氛围,把规章执行落到实处。

第二节 实验细胞资源保藏机构(中心/库)的人员要求

根据不同岗位所从事的工作内容,要求工作人员应当有相应的专业教育背景。上岗前必须经过培训。培训内容包括:①仪器设备的使用;②按照标准操作规程进行的各种操作培训;③经常性新技术、新方法的培训;④生物安全操作的培训。

第三节 实验细胞资源保藏机构(中心/库)的硬件条件

为开展实验细胞中心/库的最基本的细胞收集整理—检测—培养扩增—保藏工作,应必备相应的硬件条件。包括:

1. 实验细胞培养实验室

符合国际GMP标准净化工作室(图10-2、图10-3和图10-4)。该净化工作

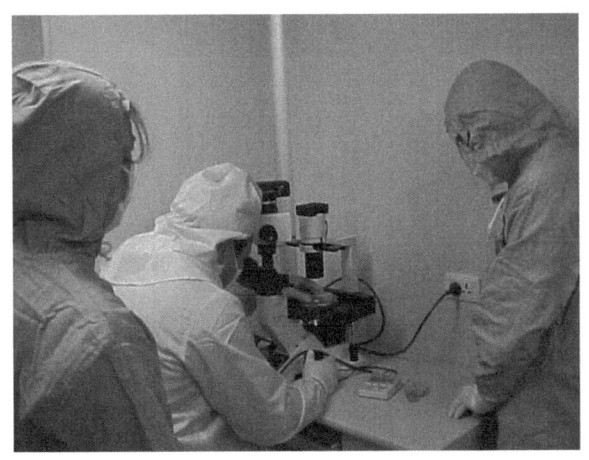

图10-2 细胞培养超净化实验室

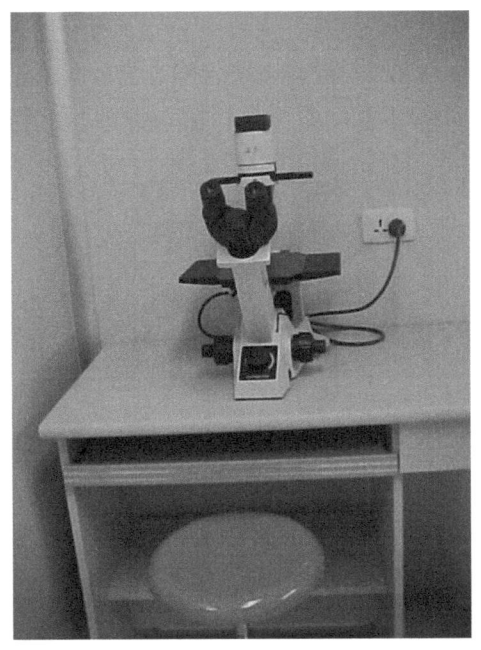

图10-3 倒置相差显微镜(观察培养细胞用)

区内进行细胞培养及相关实验操作。应配备倒置相差显微镜及照相系统或数码照相系统，供观察、拍照活细胞生长状态所用。应配备多台 CO_2 孵箱，可供多种细胞同时培养。该实验室或区域内还应配备冰箱存放使用中的培养基等试剂，配备低速离心机供细胞传代时使用，配备水浴、细胞计数分析仪器等。

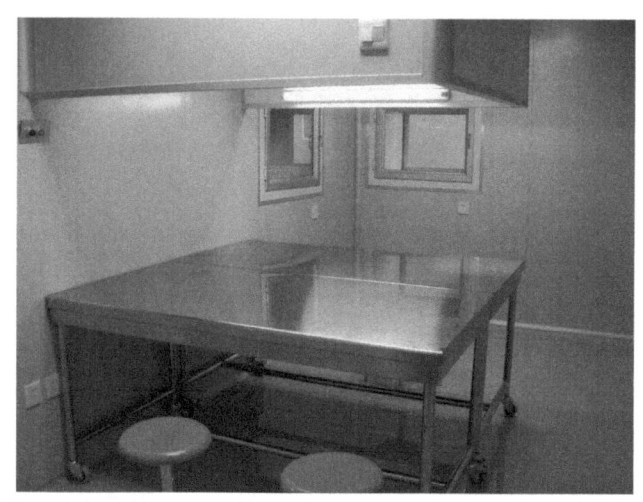

图 10-4 超净化实验室内的百级操作台（进行细胞培养操作及制剂过滤除菌）

2．实验细胞培养相关制剂制备实验室

实验细胞中心/库作为实验细胞保藏机构，细胞品种数量多。因细胞的特性不同，各种细胞所需要的培养基种类也较多。为适应大量培养细胞，培养多种不同细胞的需要，应建立专门的细胞培养制剂室，专门配制各种细胞培养基。制剂室应配备超纯水装置（图 10-5）、渗透压仪（图 10-6）、蠕动泵、电子天平、pH

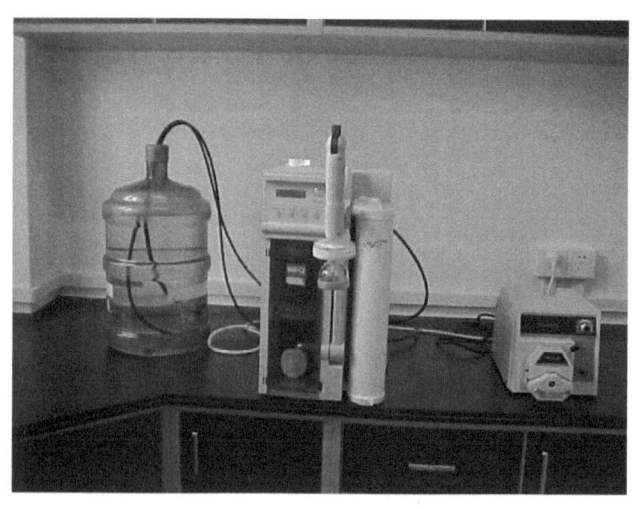

图 10-5 超纯水仪（用于制备细胞培养基配置所用水）

计、大型容器等，制剂的制备最好也在超净实验室中进行。细胞培养所需的培养基应在冰箱或冷室中4℃避光保存。其他细胞培养添加成分，如血清、胰蛋白酶、细胞因子等应于-20℃或-70℃储存。

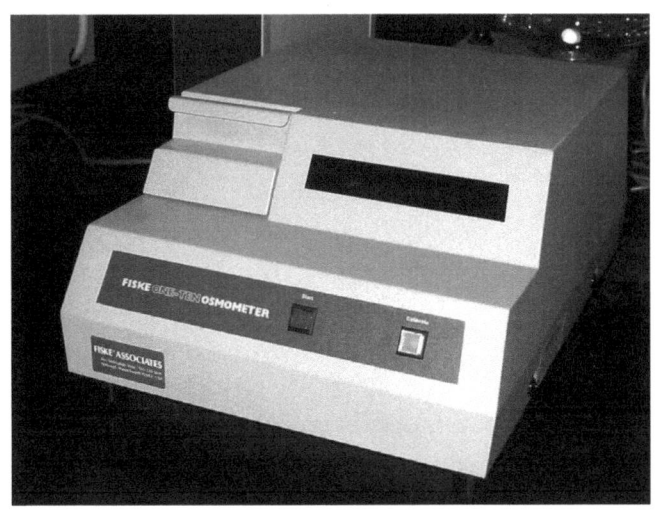

图 10-6 渗透压仪（测定细胞培养用液体的渗透压）

3．实验细胞冻存库

细胞经质量检测合格后扩增，入库保存在液氮灌中（图 10-7、图 10-8）。实验细胞中心/库应必备较大型的液氮细胞冻存灌，最好自动添加液氮、保持罐内液氮水平，为大量储存细胞提供保障，确保细胞保藏安全。冻存库内的细胞其位置、数量等可通过计算机软件管理。

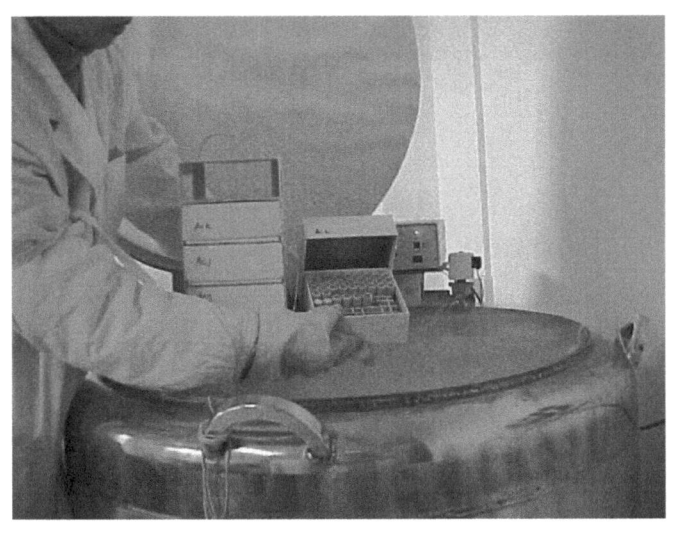

图 10-7 细胞冻存库

图 10-8 大型细胞冻存液氮罐

4. 实验细胞质量控制实验室

所有实验细胞首先进行质量检测,合格后再培养、扩增,入库保藏。实验细胞中心/库应开展的细胞质量的检测主要包括:无细菌污染、无霉菌污染、无支原体污染(图 10-9、图 10-10)。前述几项合格后再进行细胞染色体检查及细胞

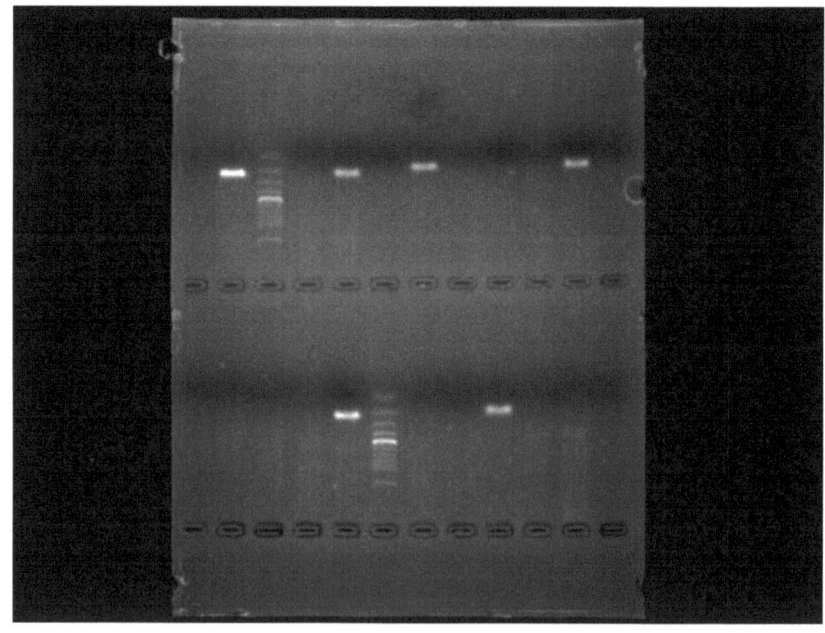

图 10-9 PCR 法检测支原体电泳图

功能检查。细胞培养技术已是许多实验室的常规技术。但由于培养设施、方法及操作人员培训不够规范,培养细胞的质量往往不能保证,使研究工作的结果重复性或可靠性差。支原体污染很难识别、排除,是目前细胞培养工作中最难解决的问题之一。

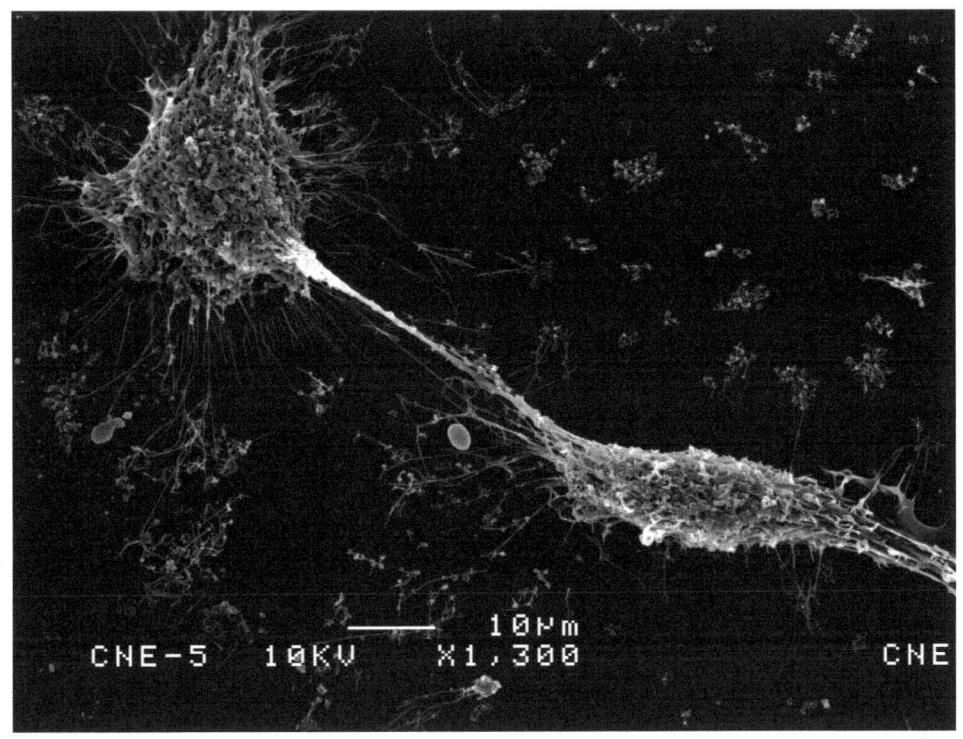

图 10-10　扫描电镜法检测支原体图像

细胞生长所需的培养基的质量控制,一般实验室不太重视,仅在过滤除菌后,通过简单观察 37℃ 孵育是否变浑浊,来判断是否有细菌污染。该方法既不能有效检测一般细菌污染,也不能检测厌氧菌污染,更不能确定所配置的培养基是否能支持细胞的生长。作为实验细胞中心/库,应采用规范的方法,包括:①用 3 种以上细胞检测培养基对细胞生长的支持能力;②对新配置培养基进行血平板细菌培养阴性;③对新配置培养基进行厌氧菌培养阴性,检测合格后才能使用。

为保证质量检测体系的正常运行,必备的设备有细胞质量检测所需的 PCR 仪、离心机、-70℃ 低温冰箱、小型液氮灌、紫外分析仪、电泳仪、水浴等。

5．其他

如细胞服务咨询接待会议室、数据资料室等,根据空间情况合理安排。

第四节　实验细胞资源保藏机构（中心/库）的各种管理规章

一、实验细胞资源保藏机构（中心/库）管理规章

1. 本机构由国家科技部科技基础性工作项目资助建立，是为科学研究提供支撑条件的基础性设施

2. 实验细胞资源中心/库的工作内容及目标

实验细胞资源中心/库将办成与国际接轨、保藏品种齐全、资料丰富的国家级实验细胞中心/库。建立细胞需求登记制度，有步骤地从国内、外引进质优，科研急需的细胞。

各机构主要收集、保藏与医学、生物学研究有关的各种类型的实验细胞。建立严格的细胞质量检测制度，对入库细胞进行质量控制，建立健全各种操作规程，严格各种操作程序，质量检测合格的细胞方可入库。制定细胞服务技术规范，提供技术服务，开展协作研究及技术培训。

3. 实验细胞资源中心/库服务内容

(1) 与国外相应机构建立良好的协作关系，引进科研急需的细胞株/系。
(2) 提供实验细胞保藏服务。
(3) 提供实验细胞供应服务。
(4) 提供实验细胞筛选或建立特殊细胞株/系的服务。
(5) 提供与细胞培养配套的部分试剂。
(6) 提供支原体等各项检测的技术服务。

4. 实验细胞库存分类管理

实验细胞资源中心/库所保藏的资源应分类管理，通常分为：A 类，常用的可广泛供应的实验细胞；B 类，需经提供者同意才能对外供应的实验细胞；C 类，安全保管，仅代为保存，不用于供应。到中心进行安全保存的 C 类实验细胞，签署安全保管协议。

二、实验细胞资源保藏机构（中心/库）工作人员守则

中心工作人员必须本着兢兢业业的工作态度对待本职工作，要有高度的责任心和使命感。一切操作必须遵从细胞培养工作的基本要求，尽量避免由于自己一时的工作失误而带来的不可弥补的损失。

细胞培养工作者的具体要求：

(1) 明白各种操作的基本道理，熟悉体外培养细胞的生存条件和与此

有关的基本知识，有判断细胞生长好坏和是否发生污染的能力。

（2）所有操作程序，如洗刷、配液、消毒等，必须严格把关，各种用液（培养液、胰蛋白酶、Hank 液、抗生素液）均由专人负责配制，保证做到按规程行事。

（3）配制试剂必须做到浓度准确，灭菌可靠；所有配制好的溶液和试剂瓶上都要标注名称、浓度、消毒与否和制备日期。

（4）一切培养用品都要有固定的存放地点，特别是培养用品与非培养用品要严格分开，已消毒用品与未消毒用品严格分开。

（5）避免各种杂质混入细胞生存环境，防止微生物感染和细胞"污染"。

（6）设立专人负责液氮、CO_2 孵箱及仪器设备的管理，及时补充液氮及 CO_2 气体。仪器使用建立登记制度。

（7）无菌操作室和超净工作台的使用必须遵从中心卫生工作守则的要求，无菌室内只可存放已消毒的物品。工作完毕后，必须及时清理，超净工作台内不能存放任何物品。

（8）遵守实验记录制度，使用专用实验记录册如实、详细、及时做好每一次实验记录。

三、实验细胞资源保藏机构（中心/库）卫生守则

（1）进入细胞中心/库工作区必须更换工作服、工作鞋等。

（2）非本中心/库工作人员未经允许不得进入无菌操作区。

（3）本中心/库细胞培养人员进入无菌区，必须更换无菌隔离衣，戴口罩、帽子、手套，更换鞋套。

（4）每日早上工作开始前和下午工作完成后进行清洁、消毒。用75％乙醇擦洗超净工作台和实验台面，然后紫外灯照射 30min。

（5）每星期用75％乙醇擦洗二氧化碳孵箱一次，更换孵箱内加湿用的无菌水。

（6）每星期进行一次房间彻底扫除，消灭卫生死角。

（7）定期进行无菌区、二氧化碳孵箱、超净工作台操作环境的空气抽查及检测，避免各种细菌、真菌、支原体污染。不合格时，停工整顿。

（8）操作完毕后，废液缸内的液体需经 84 消毒液处理后方可倒掉。

（9）发现问题，及时汇报，请教有关专家，协商解决。

四、实验细胞资源保藏机构（中心/库）冻存库工作守则

（1）出入实验细胞液氮冻存库进行各种操作必须 2 名以上工作人员协同

出入。

(2) 入库前需首先打开细胞冻存库外的风扇和灯光开关。待数分钟后方可入内。

(3) 设立专人负责制度，每天检查，液氮控制器的工作状态（节假日也不例外），注意控制器（上限、停止注入液氮、补液、下限）等指示灯的情况，如发现情况及时通知管理人员并由专业人员处理。

(4) 每3天检测细胞冻存液氮液面情况，及时发现（观察）液氮保藏设备的工作状态，异常情况及时处理。

(5) 及时通知液氮厂家来补充液氮。

(6) 开罐和添加液氮时，必须注意劳动保护，穿工作服，戴专用手套，防止液氮的冻伤。

(7) 每日打扫库内卫生，保持库内清洁。

五、实验细胞培养基配制操作规范

(1) 细胞培养基的配制必须在制剂室的洁净区配制，在无菌间内完成过滤。

(2) 培养基的制作人员必须经过严格的细胞培养基本训练，必须具备严格的无菌操作意识和高度的责任心，本着科学的工作态度，认真做好每一步工作。

(3) 把好进货关，购买粉剂培养基时一定要注意产品的有限日期，保证不使用过期的培养基。

(4) 培养基配制用水必须保证新鲜，做到培养基随用随配，去离子水随用随制做（本中心去离子采用Millpore公司的Milli-Q除热源型纯水器生产去离子水）。

(5) 严格遵从各种培养基生产厂家的说明书要求操作。干粉培养基要求添加新鲜去离子水，搅拌30min后立即用浓度适宜的HCl或NaOH，调pH至所需值，然后定容至所需体积。

(6) 立即在无菌操作间中过滤分装（本中心采用Millpore蠕动泵及Millpore 0.1μm过滤器，可有效地去除细菌及支原体）。

(7) 分装的培养基，用无菌封口膜封口，贴好瓶签，打好日期。放于4℃保存，保存期为6个月。

(8) 质量控制及检查：

a. 经厌氧培养基培养，血平板培养基培养，无菌落生长，为合格。

b. 支持细胞生长检验：与以前使用良好的培养基对比，新培养数种细胞（HeLa、3T3等），能很好支持细胞生长。2周后上述检测完全合格后，该批培养基方可使用。

六、细胞培养操作规范

在体外细胞生存受到严重挑战,细胞培养需创造与体内尽可能接近的条件,以利于细胞生长。防止污染是决定培养成功与否的关键,因此,细胞培养必须要求无菌操作。无菌室的作用就是造成一个无菌的工作环境,即防止已消毒过物品的污染。超净工作台就是改变局部环境空气洁净度的工作设备。

(1) 操作前开紫外灯照射无菌室和工作台 15~20min。
(2) 提前 30min 将培养用试剂从冰箱内取出,必要时置 37℃水浴中预温,并准备好所有待用物品等。
(3) 入无菌室前必须用肥皂将手洗净,戴手套,用 75%乙醇消毒,然后更换隔离衣,戴上口罩、帽子。
(4) 点燃酒精灯。
(5) 一切操作均需在火焰近处并经过烧灼进行。
(6) 取一切物品均应用持物钳。
(7) 操作完闭后立即将所有废弃物品携出无菌间外。
(8) 操作完闭后用紫外灯照射工作台面及无菌间 10~20min。

七、实验细胞入库流程

实验细胞入库流程如下:

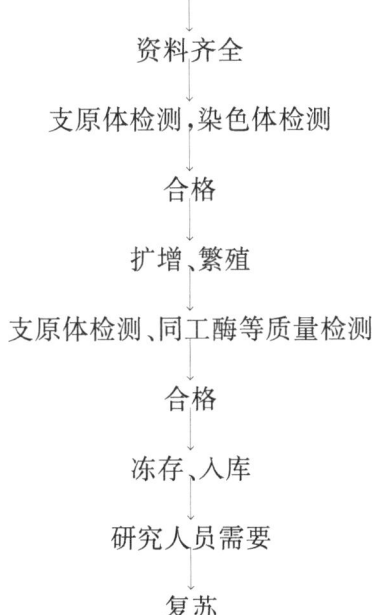

八、实验细胞入库信息表

细胞名称	
代号	
来源	支原体（有、无、不详）
种属（人、小鼠、大鼠）	检测方法
组织（上皮、间质）	荧光
其他	培养法
形态特征	PCR
梭形	培养条件
多角	RPMI1640
圆形	DMEM
其他	其他
生长特性	血清
悬浮	胎牛血清
贴壁	小牛血清
集落	其他因子
其他	建系者
染色体特征	自建
众数	引进
标记染色体	细胞分类
其他特征	A. 常用，可广泛供应
受体	B. 需经提供者同意后才能对外供应
基因	C. 仅代为保管不对外供应
其他	
细胞倍增时间	文献出处
传代情况	
细胞系提供者	
姓名：	
单位：	
联系电话：	年　　月　　日

注：请在选定内容处打"√"（此表可以复印）

九、实验细胞/试剂使用协议书

细胞名称：_____，系由甲方（保藏机构名称）：_____，提供为乙方（使用单位名称）：_____，所承担的课题名称：_____，课题经费来源：_____实验所必需，该细胞由_____教授建立（文献：_____），甲方保藏。甲方提供有关的技术咨询。甲方所提供的细胞仅限乙方研究使用，不得转让第三者，不作商业用。乙方应在发表文章或公开结果时说明细胞/试剂来源。该协议一式两份，各存一份。双方签字/盖章有效。

   甲方：
   乙方：
   电话：

               年 月 日

实验细胞/试剂使用协议书

细胞名称：_____，系由甲方（保藏机构名称）：_____，提供为乙方（使用单位名称）：_____，所承担的课题名称：_____，课题经费来源：_____实验所必需，该细胞由_____教授建立（文献：_____），甲方保藏。甲方提供有关的技术咨询。甲方所提供的细胞仅限乙方研究使用，不得转让第三者，不作商业用。乙方应在发表文章或公开结果时说明细胞/试剂来源。该协议一式两份，各存一份。双方签字/盖章有效。

   甲方：
   乙方：
   电话：

               年 月 日

十、实验细胞资源保藏机构（中心/库）仪器设备维护管理办法

（1）参照 GLP，建立所有仪器使用维护档案。
（2）专人负责。
（3）所有人员充分了解、学习、掌握仪器性能及使用方法。
（4）熟悉各种仪器的常见故障、易损部件，定期检修、更换。
（5）根据仪器本身要求及使用频度等，定期校准、检测仪器，确保正常使用。至少每三个月校准、维护一次。
（6）记录使用、检修、校准情况。
（7）本办法与具体仪器使用说明书不一致时，按照仪器本身要求进行维护。
（8）各实验细胞资源保藏机构负责人定期监督、检查。

十一、实验细胞实物共享服务程序

实验细胞资源分别保藏在各平台加盟成员单位。实验细胞需求单位可通过国家自然科技资源平台和实验细胞资源共享平台查找所需细胞信息及保藏单位。根据具体情况分别与各保藏单位联系。

实验细胞资源平台实物共享服务主要有三种途径，分别是上门定购、电话联系定购和在线填写定购表，包含资源需求单位及研究人员联系方式。

实验细胞资源保藏单位出库负责人得知需要服务单位或个人的需求信息会与您联系。

实验细胞需求单位或个人与细胞保藏机构签署细胞服务协议，将服务成本费汇款至保藏单位。

负责实验细胞出库的技术服务人员根据细胞具体情况准备细胞，款到即可发放/邮寄细胞。当地用户也可在现场取细胞时支付成本费用。

在邮寄细胞的同时将会给予细胞需求单位或个人反馈通知。

实验细胞需求单位或个人收到细胞后请告知细胞服务负责人，进行核对事宜。

此细胞服务流程最终解释权归属资源保藏机构所有。

起草单位：中国医学科学院基础医学研究所细胞中心
修改执笔人：刘玉琴　王春景　张　宏
2007 年 6 月

第五节　P2 实验室管理规章

P2 实验室工作人员登记表

一、基 本 情 况

姓名：
性别：
出生年月：
工作单位：
紧急情况联系人：
紧急情况联系电话：
血型：
免疫情况：
有无免疫缺陷疾病：
有无使用免疫抑制剂：

二、承　诺　书

本人已经在 P2 实验室工作培训，熟悉 P2 实验室管理制度、P2 实验室安全操作规程、P2 细胞操作规程、紧急情况处理规程等 P2 实验室安全规章，并自愿遵守。如有意外，本人承担相应责任。

签名：
日期：

三、批　准　书

经研究决定同意该同志进入 P2 实验室工作。

签名：
日期：

P2 实验室使用登记表

日期：

操作内容	
课题组长签字	
P2 实验室负责人签字	
细胞资源中心主任签字	
院长签字	
负压开启时刻	
紫外开启时间	_____：_____ 至 _____：_____
进入 P2 实验室时刻	
离开 P2 实验室时刻	
带出 P2 实验室物质情况	

使用人：

P2 实验室内仪器登记表

编号	仪器名称	品牌型号	运行状况

另附：
设备到货记录
说明书
中文简明使用手册
维修记录
使用记录

P2 实验室安全操作规程

一、宗　　旨

制定 P2 实验室安全操作规程旨在确保实验室工作人员不受实验对象侵染，确保周围环境不受其污染，也确保外界因素不影响实验材料。

二、P2 实验室使用范围

二级生物安全防护实验室的实验室结构和设施、安全操作规程、安全设备适用于对人或环境具有中等潜在危险的微生物。

三、安全操作规程

（一）管 理 制 度

1. 实验室内的布置和准入
（1）在主实验室应合理设置清洁区、半污染区和污染区。
（2）非实验室有关人员和物品不得进入实验室。
（3）在实验室不得进食和饮水，或者进行其他与实验无关的活动。
（4）实验室工作人员、外来合作者、进修和学习人员在进入实验室及其岗位之前必须经过实验室主任的批准。
（5）实验时，未经实验室主任同意，限制或禁止进入实验室。
（6）佩戴隐形眼镜者，进入实验室必须佩戴护目镜或面罩。

2. 实验室工作人员的资格和培训
（1）实验室的工作人员必须是受过专业教育的技术人员。在独立进行工作前还需在中高级实验技术人员指导下进行上岗培训，达到合格标准后，方可开始工作。
（2）实验室的工作人员必须被告知实验工作的潜在危险并接受实验安全教育，自愿从事实验室工作。
（3）实验室的工作人员必须遵守实验室的所有制度、规定和操作规程。

3. 实验事故处理
（1）工作人员在操作过程中发生意外，如针刺和切伤，皮肤污染，感染性标本溅至体表和口、鼻内，衣物污染，污染试验台面等污染均视为安全事故。
（2）为了避免和处理源于不安全操作引起的意外事故，必须严格执行以下原则：

a. 针对可能的危险因素，设计保证安全的工作程序。
　　b. 事前进行有效的培训和模拟训练。
　　c. 对于意外事故要能够提供包括紧急救助或专业性保健治疗的措施，足以应付紧急情况。
　　d. 有皮肤切口或伤口的人员暂停在实验室内工作。
　（3）一旦事故发生，应视事故类型等不同情况，立即进行紧急处理。具体措施必须形成书面文件并严格遵守执行。

4. 紧急情况处理

　　一些锐器造成的切割伤，最常见受伤处为手指，可先用消毒毛巾将伤处可能污染的液体擦净，将手指举高，捏住指根两侧，可将血止住。然后用碘酒、酒精涂抹伤口四周皮肤或蘸些红药水，再用干净纱布或创可贴包扎。
　　刺伤的处理：如刺伤较浅可立即把异物拔除，用消毒毛巾将伤处可能污染的液体擦净后，保护好伤口送医院。如刺入较深，不要轻易将刺入物拔掉，以免引起异物断离残留或大出血，应及时送往医院，及时注射破伤风血清，以防止破伤风的发生。
　　在紧急处理后同时必须向有关专家和领导汇报，并详细记录事故经过和损伤的具体部位和程度等，由专家评估是否需要进行预防性治疗。应填写正式事故登记表，并按规定报告给国家相应级别的卫生主管部门。

（二）安全防护

　（1）可能产生致病微生物气溶胶或出现溅出的操作均在Ⅱ级生物安全柜中进行，并使用个体防护措施。
　（2）处理高浓度或大容量感染性材料，均必须在Ⅱ级生物安全柜中进行，并使用个体防护措施。
　（3）当微生物的操作不可能在生物安全柜内进行而必须采取外部操作时，为防止感染性材料溅出或雾化危险，必须使用面部保护装置（护目镜、面罩、个体呼吸保护用品或其他防溅出保护设备）。
　（4）在实验室中应穿着工作服或罩衫防护服。离开实验室时，防护服必须脱下并留在实验室内，不得穿着外出。用过的工作服应先在实验室中消毒后统一洗涤或丢弃。
　（5）当手可能接触感染材料、污染的表面或设备时应戴手套。如可能发生感染性材料的溢出或溅出，宜戴两副手套。不得戴手套离开实验室。工作完全结束后方可除去手套。一次性手套不得清洗和再次使用。
　（6）培养基、组织、液体及其他具有潜在危险的废弃物须放在防漏的容器中储存、运输及消毒灭菌。
　（7）个人防护措施：

a. 佩戴 N95 级口罩（如 3M 牌产品），按照操作者鼻部尺寸调整口罩的鼻金属夹，保证做到呼出和吸入气体确实经过口罩过滤；

b. 佩戴可以遮盖脸部的防护面罩或防护眼罩；

c. 佩戴外科手术帐帽，并遮盖住双侧耳部；

d. 佩戴 2 层外科手术乳胶手套，完成一次可能接触含有病原样品的操作后，应更换外层手套，再进行下一步操作；

e. 穿着实验白大衣，在白大衣外再穿着外科手术衣或连体隔离服（最好为防水材料），双上肢佩戴袖套，并用乳胶手套端将袖口覆盖、绷紧。

（8）对于污染的锐器，必须时刻保持高度的警惕，包括针、注射器、玻片、加样器、毛细管、手术刀。

a. 针和注射器或其他锐器应限制在实验室内，类似灌肠、静脉切开放血或实验动物液体吸出等，可以用其他器具的，就不要用锐器。可能时，用塑料器具代替玻璃器具。

b. 注射和吸取感染材料时，只能使用针头固定注射器或一次性注射器（即注射器和针头是一体的）。用过的一次性针头必须弯曲、切断、破碎、重新套上针头套、从一次性注射器上去掉，或在丢弃前进行人工处理，或将之小心放入不会被刺穿的、用于收集废弃锐器的容器中。非一次性锐器必须放置在坚壁容器中，转移至处理区消毒，最好高压杀菌。

c. 适当时，使用带针头套的注射器、无针头的系统和其他安全设施。

d. 打碎的玻璃器皿不能直接用手处理，必须用其他工具处理，如刷子和簸箕、夹子或镊子。盛污染的针头、锐器、碎玻璃的容器在倒掉前，应按照地方、卫生部门的规定进行消毒。

（三）设备使用

（1）在工作前半小时先开机净化，负压实验室应该先开排风机，后开净化系统送风机，同时打开紫外灯杀菌（需调节温度应先开空调，再启动净化设备）。同时检查新风口是否开启（冷水机组和热泵机组除外）。

（2）紫外灯关闭 10min 后，打开照明灯再进入工作室。工作途中不能停机，如遇停电等特殊情况，须再开机 15min 以上才能工作。

（3）使用传递窗时不能同时打开内外侧窗门，传递物品时需经紫外消毒后才能开启另一侧窗门。

（4）工作结束后，逐个关闭电源开关（负压实验室应该先关净化系统送风机，再关排风机）。离开工作室前必须仔细检查，熄灭所有明火。同时关闭所有电源，包括关闭送风机电源（需连续运转的仪器和冰箱除外）。

（5）洁净室如发生故障应迅速关闭电源进行检修，无法自行解决时请通知制造厂派员前来维修。

（6）定期进行电器线路检测，视工作量定期更换初效、中效、高效过滤器及回风口过滤膜。换上新的高效过滤器后，必须对接口严格密封，并进行测试。洁净室达标后才能使用。

（7）实验设备运出修理或维护前必须进行消毒。

P2 实验室工作人员培训记录

参训人员姓名：_____

培训科目	培训日期	授课人签字
实验微生物危害评估		
实验室使用和安全操作规程		
实验微生物操作规程		

起草单位：中国科学院上海生命科学研究院细胞资源中心
修改执笔人：葛锡锐　陈松华
2007年7月

主要参考文献

微生物和生物医药实验室生物安全通用准则．中华人民共和国卫生行业标准（WS233—2002）．2002-12-03发布．2003-08-01实施

病原微生物实验室生物安全管理条例．2004年11月5日国务院第69次常务会议通过．2004年11月27日起施行

实验室生物安全通用要求．中华人民共和国国家标准（GB 19489—2004）．2004年4月5日发布．2004年10月1日实施

卫生部办公厅关于印发传染性非典型肺炎实验室生物安全操作指南的通知

瑞奇蒙德．1996．微生物学与生物医学实验室生物安全手册（第三版）．李劲松译．北京：中国科学技术出版社

第三部分
细胞培养相关部分
标准操作规程

第十一章 细胞培养操作规程

操作规程1 细胞原代培养

原代培养（primary culture）又名初代培养，即直接从有机体取下细胞、组织或器官，让它们在体外维持与生长。原代培养的特点是细胞或组织刚离开机体，它们的生物性状尚未发生很大的改变，一定程度上可反映它们在体内的状态，表现出来源组织或细胞的特性，因此用于药物实验，尤其应用于药物对细胞活动、结构、代谢、又无毒性或杀伤作用等的研究。常用的原代培养法有组织块培养法和消化培养法。

一、组织块培养法

许多实验室喜欢用组织块培养法进行原代培养，因为其方法简单，细胞也较容易生长，尤其是培养心肌，有时可观察到心肌组织块搏动。当心肌细胞由分散再次彼此接触时，它们的收缩可以很和谐，而且有规则。细胞从组织块外长并铺满培养皿或培养瓶后，即可进行传代。

（一）材料及设备

(1) 人体或动物新鲜组织。
(2) Hank液。
(3) 培养基：常用培养基均可，或依据所培养的细胞而定。
(4) 血清：胎牛血清、小牛血清或人脐带血血清，可依实验而定。
(5) 培养皿或培养瓶。
(6) 眼科镊。
(7) 眼科剪。
(8) 小烧杯（20ml）。
(9) 玻璃吸管和胶帽。
(10) 超净工作台。
(11) 酒精灯。
(12) 二氧化碳孵箱。
(13) 青霉素、链霉素溶液（见操作程序）。

（二）操 作 程 序

（1）在无菌条件下，取要培养的组织 $0.5\sim1cm^3$，置入小烧杯中，以适量 Hank 液清洗二三次，去掉组织块表面血污。

（2）用锋利的眼科剪将组织块反复剪成 $0.5\sim1mm^3$ 大小的小块。

（3）再用 Hank 液反复冲洗，直至液体不混浊为止。稍后组织块下沉。将烧杯倾斜，用小吸管尽量吸除 Hank 液。

（4）用含 20% 灭活血清、200U/ml 青霉素、200μg/ml 链霉素的培养基再清洗数次，用小吸管吸干后加入 5ml 含 20% 血清的培养基。

（5）用弯头吸管吸取组织小块，均匀地置于培养皿内表面，吸去多余的培养液，各组织小块之间相距 0.5cm 为宜。盖好培养皿盖，做标记，置于 37℃ 二氧化碳孵箱内。

（6）$2\sim4h$ 后，于超净工作台中，缓缓地向培养皿中加入上述含 20% 血清及 100U/ml 青霉素和 100μg/ml 链霉素的培养基，勿使组织块浸没于培养液中。

（7）轻轻地将培养皿及组织块移置二氧化碳孵箱内，如无特殊情况，不必观察。$1\sim2$ 周后，可观察到细胞从组织块边缘长出，形成生长晕。

（8）一般说来，若培养基无明显改变，如不浑浊，颜色很黄或是有特殊气味产生等，一周后换液一次即可。待到细胞长满整个培养皿内表面，即可进行传代培养。

（三）注 意 事 项

（1）如果培养器皿是培养瓶而不是培养皿，则接种组织块于培养瓶底壁后，要轻轻地翻转培养瓶，令瓶底在上，盖好瓶盖后轻轻置 37℃ 二氧化碳孵箱，$2\sim4h$ 后，取出培养瓶，在超净工作台内打开瓶盖，仍令组织块在上方。起先，在组织块对面瓶壁加入适量上述培养基。然后，轻轻翻转培养瓶，让组织块浸没于培养液中。盖好瓶盖后放回二氧化碳孵箱，继续培养。

（2）组织块从培养皿表面游离下来不必惊慌，弃去即可。

（3）如果培养器皿是玻璃培养瓶，而不是新的塑料培养瓶，则最好在玻璃底表面涂有大鼠鼠尾胶原，这样不但有利于组织块的黏附，而且细胞可长得更好。

（4）本方法适于各种组织的培养，读者还可根据自己的实验需要和细胞种类而加以修改。

二、消化培养法

消化培养法与上述组织块培养法的主要区别有两点：①要用酶制剂处理组织块，除去细胞间质，使细胞相互分离形成单细胞悬液；②细胞多形成单层生长。该方法的优点在于单层细胞更易摄取营养，排出代谢产物，因此生长较快，可较快地应用于实验研究；缺点是步骤颇为繁琐，操作不慎易于污染。此外，消化处理要恰到好处，不然对细胞或多或少有损伤作用。

（一）材料及设备

除上述组织块培养应用的材料及设备外，尚需下列物品：
(1) 胰蛋白酶（0.2%）和胶原酶（0.1%～0.2%）。
(2) 电磁搅拌器。
(3) 锥形烧杯（100ml）。
(4) 不锈钢筛（孔径 $100\mu m$、$20\mu m$）。
(5) 普通台式离心机。
(6) 血细胞计数板。
(7) 计数器。
(8) 普通光学显微镜。

（二）操 作 程 序

(1) 在无菌条件下，取欲培养的组织 $1cm^3$ 左右，置入平皿或烧杯中，以适量 Hank 液清洗 3 次，去掉组织块表面血污。

(2) 以锋利的眼科剪将组织块反复剪成直径 0.5～1mm 大小的小块。

(3) 以 Hank 液冲洗数遍，稍后组织块下沉，吸除 Hank 液。

(4) 用少量 Hank 液，将组织小块吸入预先置于经灭菌的铁芯玻璃搅棒的锥形烧杯中，再加入约 30ml 上述胰蛋白酶液。

(5) 将锥形烧杯用橡皮塞盖紧，外封以锡箔。然后移于预先置于 37℃ 温箱内的电磁搅拌器上。

(6) 打开搅拌器电源开关，让铁芯旋转，关好温箱，让胰蛋白酶作用。

(7) 在消化过程中，每隔一定时间吸取消化物滴于载片上，于光学显微镜下观察，检查细胞是否分散成单个。若大部分细胞已分散，立即加入适量 Hank 液，终止消化。通常需消化 10～20min。

(8) 先以 $100\mu m$ 不锈钢筛过滤，滤去未被消化的组织块或大细胞团（若细胞量少，这些组织块可继续进行消化，以便取得较多细胞）。然后 $20\mu m$ 不锈钢筛过滤。

(9) 将取得的滤液进行低速离心（500～1000r/min）5min，吸除上清。并用 Hank 液离心清洗一两次，最后加入含血清的培养液，搅匀，制成细胞悬液。

(10) 用计数板计数，确定细胞悬液浓度，通常以 1×10^5～3×10^5 个细胞接种于培养瓶或培养皿中。

（三）说明及注意事项

（1）用何种蛋白酶消化可视所培养细胞而定，除胰蛋白酶外，常用Ⅰ型胶原酶消化睾丸支持细胞、血管平滑肌细胞和内皮细胞；用Ⅱ型胶原酶消化大鼠腺垂体细胞等。

（2）如果一时没有不锈钢筛，可用4层纱布代替，但纱布要预先高温高压灭菌。

（3）严格地说原代培养是指未经传代的细胞，但在实际应用上，人们常将10代以内的细胞用作原代培养细胞，因为此时细胞基本上保持其原有的生物学特性。

（4）从原代培养步骤不难看出，原代细胞中含有多种细胞成分，即它们是异质型（heterogeneity）的群体，因此在设计实验与分析结果时切勿忘记这一因素。

操作规程 2　细胞传代培养

当细胞生长至单层汇合（confluence）时，便需要进行分离培养，不然会因无繁殖空间、营养耗竭而影响生长，甚至整片细胞脱离基质悬浮起来，直至死亡。因此当细胞达到一定密度时必须传代或再次培养（subculture）。一方面是借此繁殖更多的细胞，另一方面是防止细胞退化死亡。

（一）材料及设备

（1）汇合成片的细胞（如3T3、HeLa等）。
（2）Hank液。
（3）0.25%胰蛋白酶溶液。
（4）0.02% EDTA溶液。
（5）倒置显微镜。
（6）消化培养所用的一应设备。

（二）操 作 程 序

（1）在超净工作台内，于无菌条件下，吸除培养皿内旧培养液。

（2）以Hank液清洗一两次，于培养皿内加入1ml胰蛋白酶和EDTA混合液（1∶1）。盖好盖子置37℃温箱中温育2～4min［室温中可置5min以上，但实验者必须随时在倒装显微镜下观察细胞被消化的情况，若细胞质回缩，细胞间歇增大（甚至看到有个别细胞漂浮起来），须立即终止消化］。

（3）轻轻吸除消化液，加Hank液小心地清洗1次，以去除残存消化液。

(4) 加入培养基 1ml 或 2ml，用吸管反复轻轻吹打仍贴壁的细胞，使它们形成细胞悬液。

(5) 用计数板计数细胞悬液浓度后，以合适的细胞浓度（如 10^5 个/ml）接种于新培养皿或培养瓶中。

（三）说明及注意事项

消化是传代中的关键步骤之一，各实验室消化方式不全相同，实验者可灵活采用。消化太过，细胞容易丢失，因此，应随时在显微镜下观察细胞间分离状态。消化不足，细胞分散不好，往往成团，不但计数不准确，细胞贴壁也受影响。若遇到细胞很不容易消化时，要考虑消化液是否失效，或消化液的 pH 是否合适。胰蛋白酶的最适 pH 为 8～9。

操作规程 3　细胞的冻存和复苏

细胞不用时或细胞保种时一般是将细胞冷冻保存在液氮中。液氮中的温度是 −196℃，细胞在其中储存的时间几乎是无限的。

细胞在培养基中直接降温冷冻，细胞内、外环境中的水都会形成冰晶，能导致细胞内发生一系列变化，如机械损伤、渗透压改变、脱水、pH 改变、蛋白质变性等，从而引起细胞死亡。例如，在培养基中加入保护剂甘油或二甲基亚砜（DMSO），可使冰点降低，在缓慢降温的条件下，能使细胞内的水分在冻结前透出细胞外。储存在 −130℃ 以下的低温中能减少冰晶的形成，这样可以避免细胞的死亡。融化细胞时速度要快，使之迅速通过细胞最易受损伤的 −5～0℃后，细胞能保持活性，再培养时仍能生长。

为保持细胞最大存活率，冻存时要遵循慢冻快融的原则。标准的降温速度是 −1～−2℃/min，当温度到达 −25℃时，降温速度可加快至 −5～−10℃/min，到 −80℃时可直接入液氮。现有专为细胞冻存而设计的程序冷冻仪。细胞冻存量大时，可使用程序冷冻仪。细胞数量少时我们实验室常用多层棉花（2cm 以上）包裹，直接入 −70℃ 冰箱过夜，次日直接入液氮。复苏时最好在 30s 内将细胞融化。以前书中要求 37℃水浴中复苏细胞，笔者的经验是水温应提高，可为 40～43℃。原因是以前用玻璃安瓿，传热快，37℃水浴即可达到要求，而现在多用塑料冻存管，壁厚且传热慢，只有提高温度才能保证在 30s 内使细胞融化。

一、细胞冻存方法

（一）材　　料

对数生长期细胞（证明无支原体污染）；细胞消化液；Hank 液；培养基；

血清；DMSO，无色优质，高压消毒；吸管；离心管；冻存管；记号笔。

（二）方　　法

(1) 传代 24～48h 的对数生长期细胞。

(2) 常规方法制备细胞悬液，计数、调整细胞浓度为 5×10^6 个/ml，离心，去上清。

(3) 配制冻存液：在培养基中加入 10% DMSO，有的细胞还需添加血清，使血清终浓度达到 20%。

(4) 将冻存液滴加至离心管中，然后用吸管轻轻吹打，重新悬浮细胞。

(5) 分装至冻存管中，将盖拧紧。

(6) 用记号笔做好标记，包括细胞名称、细胞代数、冻存日期、操作人等。

(7) 冻存：用程序冷冻仪或用棉花包裹，入 -70℃冰箱过夜后，直接入液氮罐中保存。现在一般用抽屉式液氮提篮，提篮中分成小格，每小格中存放一支冻存管，每个提篮可放 60～65 个。提篮应进行编号，每小格可根据行、列进行定位。细胞存放的位置应进行详细记录。

二、细胞复苏方法

（一）材　　料

37℃水浴、培养瓶、培养液、吸管、离心管等。

（二）程　　序

(1) 从液氮罐中取出冻存管，迅速入 37℃水浴，不断振摇，尽快融化。

(2) 用吸管吸出细胞悬液，注入离心管，适当补充液体，500～1000r/min 离心。

(3) 去上清后，再重复用培养液洗一次。

(4) 用培养液适当稀释后，装入培养瓶，37℃培养。次日更换培养液，以后按常规进行培养。

操作规程 4　小鼠胚胎成纤维细胞（MEF）的制备

小鼠胚胎成纤维细胞被广泛用在饲养细胞，用于各种干细胞和难于培养的各种正常细胞的培养。

一、材　　料

(1) 12.5～14.5 天的小鼠胚胎（3～6 只小鼠/次）。

(2) 10cm 平皿。
(3) DMEM＋10％新生牛血清。
(4) 15cm 或 50cm 离心管（圆底）。
(5) 0.05％胰蛋白酶/EDTA 0.02％，PBS 配制消化液。
(6) 手术刀、镊子、剪子等器械。

二、步　　骤

(1) 10cm 平皿中，解剖出鼠胚，以 Hank 液洗。
(2) 除掉四肢、大脑及内脏（肝脏）。
(3) 用无菌 Hank 液＋PS 洗 3 次。
(4) 置平皿中用手术剪切碎。
(5) 将碎组织移入 50ml 离心管中，加约 10ml 消化液。
(6) 37℃摇育 10min（水浴或孵育箱中）。
(7) 吸 5ml 上清放入新 50ml 离心管中，加等体积含 10％新生牛血清的 DMEM 液中和胰蛋白酶。
(8) 再加 4ml 消化液入原含组织离心管中，颠倒摇动，10min 后再吸出 5ml 至新 50ml 离心管中，加入 5ml 含 10％新生牛血清的 DMEM 液。
(9) 重复步骤（8）5 次左右，此时离心管中仅剩无法消化的软骨等。
(10) 离心 50ml 离心管，加 50ml DMEM 10％ NCS。
(11) 取适量移到 9cm 平皿或培养瓶中培养。
(12) 第二天，换液，到细胞长满（汇合），1∶10 传代，再长满时冻存（每皿冻存一只管）。
(13) 用时复苏（5×10^4 个/cm^2）保证用时满满一层，不留空间。

三、丝裂霉素处理

(1) 汇合状的 MEF 加入新配制的含 10％ NCS 10μg/ml 丝裂霉素 C 的 DMEM 培养液，37℃、5％ CO_2 孵育箱中培养 2～3h。
(2) 以 PBS 彻底洗数次，胰蛋白酶消化，收集，1000r/min 离心 5min，新培养液悬浮，调整浓度为 3×10^5 个/ml。
(3) 将细胞接种于明胶预处理的培养皿中，明胶处理：0.1％明胶溶液浸 2h，移走多余的明胶，自然干燥。

起草单位：中国医学科学院基础医学研究所
修改执笔人：刘玉琴　王春景
2007 年 7 月

第十二章 细胞质量控制操作规程

操作规程 5 PCR 法检测支原体

一、原　　理

通过聚合酶链反应，扩增被检测标本中的 DNA，电泳检测 DNA 中是否有支原体 DNA，判断被检测标本中支原体的存在情况。细胞中心采用 Stratagene 公司的 PCR 检测试剂盒，其支原体 PCR 引物能从细胞培养上清液中检测到绝大多数种类的支原体污染，细胞生长抑制或轻度的支原体污染都能通过收集和测试细胞被检测到。该试剂盒也提供细胞等量物标准。除引物外，试剂盒还包括验证聚合酶链反应的内对照模板。

二、操 作 方 法

（1）收集上清液：培养数天的细胞，取 100μl 上清液放入微型离心管内，盖紧。

（2）制备模板，将离心管放入水中煮沸（或置于 95℃ 热循环器）5min，离心 5s。

（3）等分移入新鲜管内，并用紫外线照射过的水按 1∶10 稀释（每个 PCR 需 10μl 稀释的模板）。

（4）加 10μl Resin 树脂，轻轻拍打管壁使树脂和提取物混合，离心 5～10s，上清液即为模板。

（5）PCR 反应。10mmol/L Tris-HCl（pH8.3～8.8）
　　　　　　　　50mmol/L KCl
　　　　　　　　1.5～2.5mmol/L $MgCl_2$
　　　　　　　　200μmol/L dNTP
　　　　　　　　1U *Taq* DNA 聚合酶

PCR 反应管中依次加入：

UV 照射水	30.2μl
10× *Taq* 缓冲液	5μl
dNTP（25mmol/L 储存液）	0.4μl
Taq DNA 聚合酶（2.5U/μl 储存液）	0.4μl（1U/反应）

内对照模板	2μl
混合引物	2μl
PCR 反应液终体积	40μl
模板（稀释）	10μl
阳性对照或阴性对照	10μl
矿物油	60μl

混匀后置 PCR 仪中进行 PCR 反应。

(6) PCR 反应程序。

时相	循环	温度	时间
1	1	94℃	5min
		55℃	1min45s
2	3	72℃	3min
		94℃	45s
		55℃	1min45s
3	40	72℃	3min
		94℃	45s
		55℃	45s
4	1	72℃	10min

PCR 反应结束后，产物进行凝胶电泳。

(7) 琼脂糖凝胶电泳分析。

a. 铺板：3‰~3.5‰（m/V）的软琼脂（含 EB）融化后，加入电泳槽中，凝固后上样。

b. 上样：15μl 的 PCR 产物、6μl 蒸馏水、2μl 溴酚蓝。混匀后，加入上样孔中。

c. 恒压电泳。75V 电压下，电泳 20min 左右，紫外灯下观察，标准分子质量标记物、阳性对照、内对照条带清晰，即终止电泳。

三、结 果 观 察

电泳完毕，将电泳胶在紫外投射仪下观察（图 12-1），根据标准分子质量及阳性对照、内对照条带，观察待测样品中是否有阳性条带，以此来判断是否有支原体污染（图 12-2）。

观察完毕，做好记录，照相（加红色滤光片，光圈 5.6，曝光 30~70s）留存，以备复查。

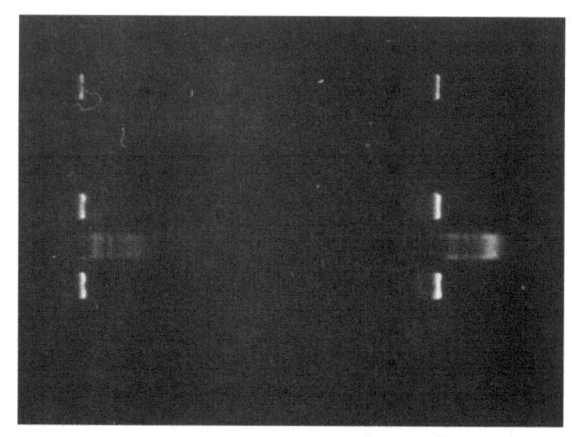

图 12-1 紫外投射仪下观察电泳胶

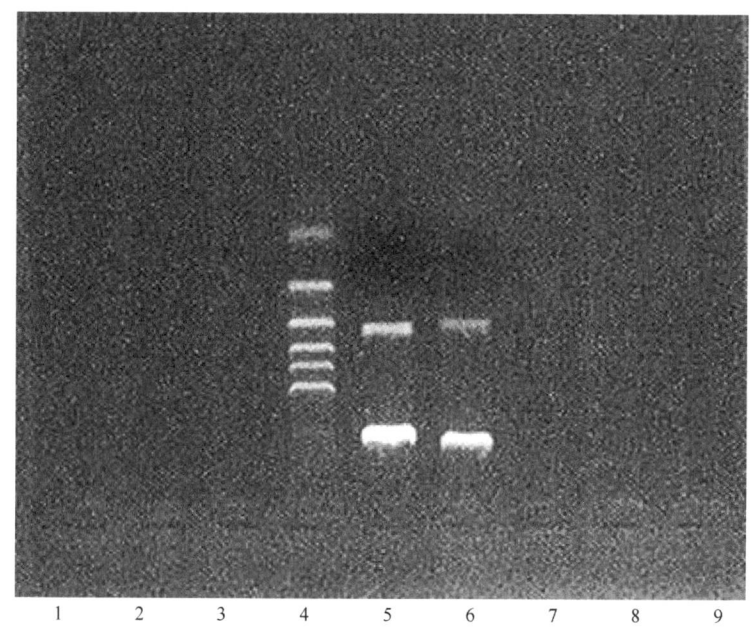

图 12-2 PCR 法检测支原体电泳图

泳道 1、2、3、7、8、9 为阴性；泳道 4 为 Marker，泳道 5、6 为阳性

操作规程 6　DNA 染色法（荧光法）检测支原体

一、原　　理

利用荧光试剂 Hoechst33258 标记支原体 DNA，在紫外光激发下产生黄绿色荧光，利用荧光显微镜观察支原体是否存在。

二、操作方法

将细胞培养在盖玻片上(细胞爬片)

↓

Hank 液洗数次

↓

冰醋酸／甲醇(1/3)固定 10～15min,Hank 液洗

↓

0.05～0.1μg/ml Hoechst 33258 暗处染色 10～20min,室温

↓

蒸馏水洗 2 次

↓

封片(指甲油)

↓

显微镜观察

三、结果观察

紫外激发光波长为 630nm。正常细胞核区见边缘整齐清晰的荧光,细胞质区无荧光。支原体污染细胞集中于细胞质一极,可见散在荧光（图 12-3 和图 12-4）。

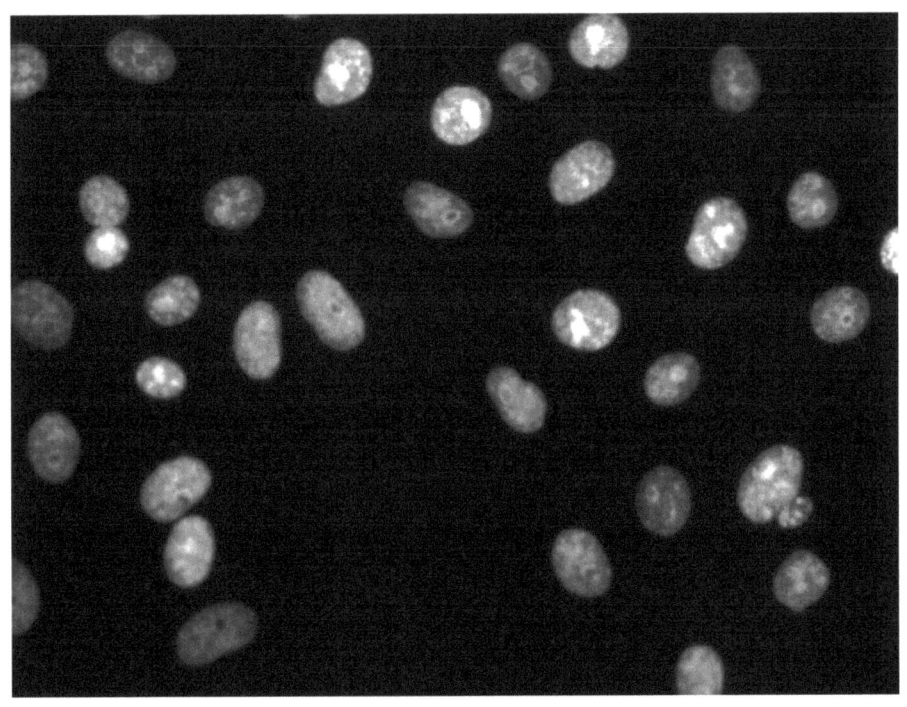

图 12-3　指示细胞法检测支原体（对照细胞，支原体阴性）

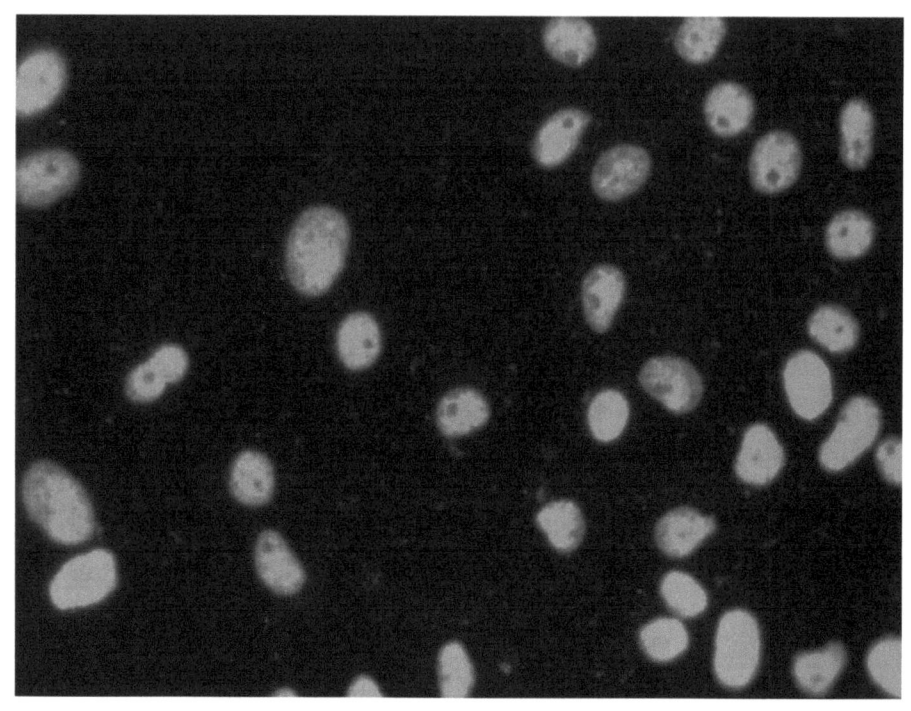

图 12-4 指示细胞法检测支原体（检测细胞支原体阳性）

操作规程 7　培养法检测支原体

一、原　　理

利用营养丰富的培养基，直接对待检细胞、血清等进行支原体培养。

二、操 作 方 法

（一）基础培养基（basic media）储存液的配制

(1) 在 900ml 新鲜蒸馏水中依次加入下列各试剂：

右旋糖	50g
L-精氨酸	10g
胸腺嘧啶 DNA	0.02g
盐酸胆碱	0.922g
i-肌醇	0.110g

烟酰胺	0.024g
D-泛酸钙	0.024g
盐酸吡多醛（B_6）	0.020g
叶酸	0.013g
核黄素	0.010g
维生素 B_{12}	0.003g
D-生物素	0.002g
维生素 B_1	0.010g

(2) 37℃混匀、溶解上述各组分，加蒸馏水至终体积1000ml。

(3) 0.22μm滤膜过滤除菌。

(4) 分装为100ml，-70℃保存。

（二）肉汤支原体培养基配制

(1) 14.7g肉汤支原体培养粉加入0.02g酚红，再加600ml蒸馏水，加热溶解。

(2) 121℃，15min高压除菌。

(3) 冷却至室温。

(4) 无菌条件下加200ml马血清，100ml酵母提取液，100ml基础培养基储存液（预先解冻），混匀。

(5) 10ml分装入消毒试管内，盖紧盖。

(6) 4℃冰箱内存，3～4周内用。

（三）支原体琼脂培养基的配制

(1) 23.8g琼脂培养基加600ml H_2O，加热至溶解。

(2) 121℃，15min，灭菌。

(3) 50℃水浴中，无菌条件下，加200ml马血清，加100ml酵母提取液（50℃预热），加100ml储存液（37℃预热），混匀。

(4) 10ml分装至15ml培养皿中。动作要迅速，避免琼脂凝固。

(5) 叠起，消毒包包裹，防干燥，4℃保存。3～4周内用。

（四）接种待检样本

(1) 细胞接近汇合状态或3天未换培养液。

(2) 留3～5ml培养液。

(3) 无菌橡皮擦，刮下一部分细胞。

(4) 悬浮细胞，直接用旧培养液。

(5) 取1ml细胞悬液至肉汤培养基，另1ml至琼脂培养基。

(6) 肉汤培养管，37℃有氧孵育，观察是否变混浊及 pH 值变化情况。琼脂培养基，无氧，37℃、5% CO_2-95% N_2 培养。

(7) 5～7 天和 10～14 天时各取 1ml 肉汤培养物接种新的琼脂培养基，无氧条件下孵育。观察琼脂培养基上支原体集落形成情况，至少 3 周。

(8) 每周倒置显微镜下观察琼脂培养基上支原体集落形成情况，至少 3 周。

三、结 果 观 察

(1) 观察肉汤培养管是否变混浊及 pH 值变化情况，混浊表示支原体阳性（图 12-5）。

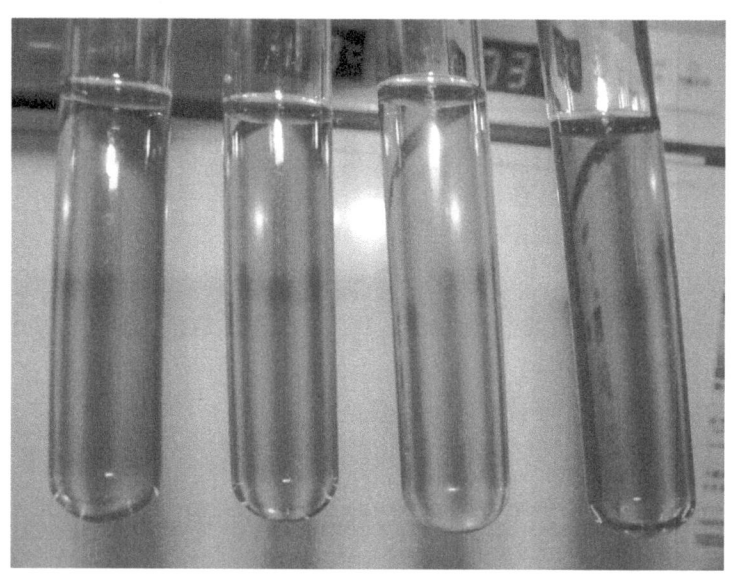

图 12-5 肉汤法进行支原体培养，阳性细胞上清培养管颜色变化

(2) 观察琼脂培养基上支原体集落形成情况，至少 3 周，有集落形成表示支原体阳性。

四、注 意 问 题

(1) 每批培养基促生长能力测定：通过培养 *Acholeplasma laidlawii*（ATCC23206）和 *Mycoplasma pneumoniae*（肺炎支原体，ATCC16631）成功与否来证明。

(2) 血清检测：100ml 血清加至 400ml 肉汤培养基中，37℃有氧孵育 4 周，观察是否变混浊及 pH 值变化情况。

(3) 防止细菌污染的影响，可在基础培养基中加青霉素至 500U/ml 或在基础培养基（储存液）中加乙酸铊（thallium acetate）至终浓度 1∶2000。

操作规程 8 支原体的扫描电镜检测

一、原　理

利用电子显微镜的超级放大功能，直接观察培养细胞中支原体污染情况（图 12-6）。

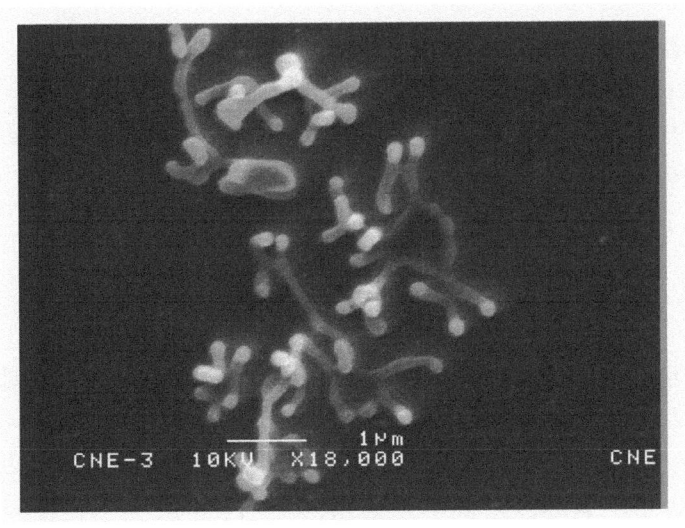

图 12-6 扫描电镜法检测支原体图像

二、操 作 方 法

细胞传代至贴有盖玻片的平皿中
↓
培养 24h 取出
↓
PBS 洗涤
↓
2.5% 戊二醛/PBS 固定 15min，PBS 洗涤
↓
1% 锇酸固定 30min，PBS 洗涤
↓
乙酸异戊酯脱水
↓
CO_2 冰点干燥
↓
喷金
↓
扫描电镜观察，照相

操作规程9 细胞污染支原体的清除方法一

一、原 理

利用药物抑制支原体的生长,通过细胞传代,去除支原体。

二、操 作 方 法

(1) 将细胞培养在无抗生素的培养基中。
(2) 加BMC1(截短侧耳素,pleuromutilin derivative)。
(3) 3天后,换为BMC2(四环素衍生物,tetracycline derivative)。
(4) 培养4天。
(5) 以上步骤为一个循环,一般需3个或更多循环。

三、结 果 观 察

培养结束时,再进行支原体检测,连续数次均为阴性,即可证明支原体已被清除。

操作规程10 支原体的清除方法二

一、原 理

利用药物抑制支原体的生长,通过细胞传代,去除支原体。

二、操 作 方 法

(1) 将细胞培养在无抗生素的培养基中。
(2) 培养基中加CIP(盐酸环丙沙星,ciprofloxacin hydrochloride)$10\mu g/ml$。
(3) 培养3~4天,换液。
(4) 共培养14天。

三、结 果 观 察

培养结束时,再进行支原体检测,连续数次均为阴性,即可证明支原体已被清除。

操作规程 11 染色体制备操作流程

染色体含量是确定细胞系及其来源的种属、性别联系最明确、最具特征的标准之一。在染色体显带之前,已有哺乳动物染色体图谱。因为染色体数量在正常细胞中更加稳定,所以染色体分析也可用于区分正常和恶性细胞(小鼠除外,因为经培养后,小鼠的正常细胞染色体配对改变非常快)。

一、材　料

(1) 对数期的培养细胞。
(2) 用 PBSA 配制的 10^{-5} mol/L 秋水仙胺。
(3) PBSA。
(4) 0.25%的粗提胰蛋白酶。
(5) 低张溶液:0.04mol/L KCl、0.025mol/L 枸橼酸钠。
(6) 乙酸甲醇固定液:1 份冰醋酸加 3 份无水甲醇或乙醇,新鲜配置并在冰上保存。
(7) Giemsa 染液。
(8) DPX 或 Permount。封固剂。
(9) 冰。
(10) 离心管。
(11) 巴斯德吸管。
(12) 载玻片、盖玻片、载玻片盒。
(13) 低速离心机。
(14) 涡流混悬器。

二、操作步骤

(1) 将 $2×10^4 \sim 5×10^4$ 个/ml 的细胞培养液 20ml 放入 75cm² 的培养瓶($4×10^3 \sim 1×10^4$ 个/cm²)中培养。
(2) 3~5 天后,细胞处于对数生长期,1∶100(V/V),以 $1×10^{-5}$ mol/L 秋水仙胺(终浓度 $1×10^{-7}$ mol/L)加入培养瓶内已有的培养基中。
(3) 4~6h 后,轻轻去掉培养基,加 5ml 0.25%胰蛋白酶,孵育 10min。
(4) 胰蛋白酶离心悬浮细胞,弃掉上清液中的胰蛋白酶。
(5) 以 5ml 低张溶液重新混悬细胞,37℃下,静置 20min。

(6) 加入等量新鲜配制的冰冷的醋酸甲醇,不停地混合,然后以 $100g$ 速度离心 2min。

(7) 弃掉上清混合物,在涡流混悬器上振荡细胞团块,再慢慢边混匀边加新制备的乙酸甲醇。

(8) 细胞在冰上静置 10min。

(9) 以 $100g$ 速度离心细胞 2min。

(10) 弃掉上清中乙酸甲醇,在 0.2ml 的乙酸甲醇溶液中,重新振荡混悬细胞团(如将试管底部置于振荡器上),直到细胞均匀分散。

(11) 用吸管吸一滴细胞悬液到吸管尖部,从 12in(30cm)处滴到预冷的玻片上,倾斜玻片,让液滴流下并铺开。

(12) 将玻片在烧杯沸水上迅速干燥,然后用相差显微镜观察。如果细胞均匀铺展而没有相互接触,则以同样浓度的细胞制备更多片子。如果细胞成堆重叠出现,则稀释悬液 2~4 倍之后,再准备一张滴液玻片。如果稀释的悬液中细胞较满意,就制备更多片子,若不满意,再重复这一步骤。

(13) 进行 Giemsa 细胞染色:①将玻片浸入纯净的染液中 2min;②将染色缸放在水池中,加入大约 10 倍体积的水,让过多的染液从玻片染色缸的顶端溢出;③玻片静置 2min;④用自来水置换出其余染液,然后用自来水逐张冲洗玻片去除染液沉淀(使玻片上呈现粉红色,不透明的外观);⑤显微镜下观察染色情况,如果片子制作满意,则将载玻片彻底干燥,用盖玻片及 DPX 或 Permount 封片。

三、染色体分析

(1) 染色体计数:计数 50~100 张染色体展片中,每张片子的染色体数目(染色体无需分带),若装有闭路电视或明场照相机将会有所帮助。尽量数清所有能看到的有丝分裂相,并通过以下内容予以分类:①染色体数目;②在不能计数的情况下,记为"不可数的近二倍体"或"不可数的多倍体",将结果以直方图表示。

(2) 染色体核型:拍照或保存 10 张或 20 张较好的显带染色体展片(图 12-7),用 20cm×25cm 大小的高对比相纸洗印,剪下相片上的染色体并按顺序分选,粘在纸上,如果图像已通过 CCD 相机记录或已扫描玻片或相片,则染色体的分选就可以通过图像编辑软件,如 Adobe Photoshop 或 Chantal(Leica),进行处理。

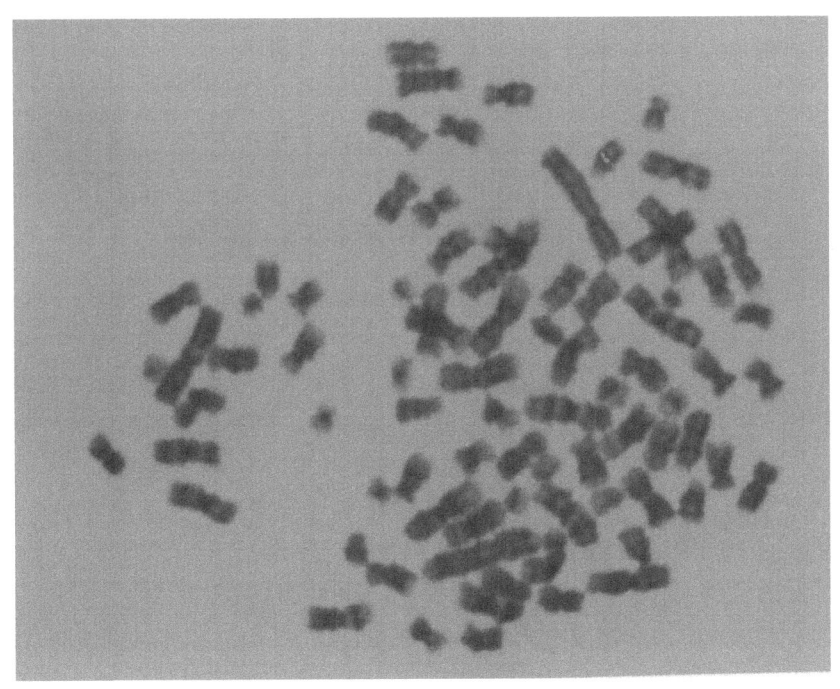

图 12-7　细胞染色体

操作规程 12　细胞 DNA 指纹检查

DNA 中包含没有翻译功能的卫星 DNA 区域，这些区域的功能尚不清楚，可能为单纯结构性的或是为今后基因进化提供一个潜在编码区域的存储部位。然而不论其功能如何，这些区域并非高度保守，因为它们不转录，并产生高度变异区，当其 DNA 被特异的限制性内切核酸酶酶切后，可用与这些高度可变区域杂交的 cDNA 探针探查。电泳可显示片段长度的变异[限制性片段长度多态性（RFLP）]，这种多态性对 DNA 来源的个体具有特异性。通过聚丙烯酰胺凝胶电泳进行分析时，每个个体的 DNA 用放射性探针进行的放射性自显影显示出特异的杂交式样，这些式样现被称为 DNA 指纹（finger printing），而且是细胞特异的，但来自同一个体的多种细胞系或来自高度近交不同供体动物的细胞除外。

DNA 指纹在培养中非常稳定，来自相同起源的细胞系，分别在不同实验室里使用多年，仍然具有相同或非常相近的 DNA 指纹。如果原始细胞系或源自该细胞系或某个体的 DNA 被保留，而且强调需要保存其组织，血液或从原代培养分离的 DNA 标本，则指纹技术成为决定细胞系起源的一种非常有用的工具，此外如果怀疑有交叉污染，则可以通过指纹技术对这种细胞或所有潜在的污染源加以肯定或否定。DNA 指纹技术已确认了早期的同工酶和染色体核型的资料，表明许多常用细胞系已与 HeLa 细胞系发生了交叉污染。

一、细胞系的多位点 DNA 指纹检测

细胞系 Southern 印迹 DNA 的制备

（1）约 10^7 个细胞（用细胞刮或胰蛋白酶收集）用 PBSA 洗涤 2 次至细胞团块。

（2）提取高分子质量基因组 DNA，取一小部分用小块凝胶电泳来检测 DNA 的完整性，本步骤（6）中所述的常规用于细胞系，避免使用酚的 DNA 抽提术。

（3）取 1∶50 稀释液，用紫外线分光光度计测定 DNA 含量。

（4）将 5μg DNA 和 40U *Hin*fl 酶，3μl 10×酶缓冲液及无菌蒸馏水混合配成总体积为 30μl 的混合液。

（5）混合液 38℃孵育过夜，重新混匀，1h 后离心消化产物。

（6）取 1μl 消化产物加入 9μl 电泳缓冲液（1×TBE）和 2μl 的 6×上样缓冲液，经小块琼脂糖凝胶电泳检测消化完全。*Hin*fl 消化应出现低分子质量 DNA 片段拖影（<5kb），而无残存的基因组 DNA 条带（20~30kb）。

（7）在剩下的消化产物中，加入 6μl 的 6×上样缓冲液混匀，将其点样于分析用的琼脂糖凝胶（0.7% 1×TBE，含 1mg/L EB，至少 20cm 长），平行的有 *Hin*dⅢ的消化标记物及来自标准细胞系（如 HeLa）0.5μg DNA 的消化产物。以大约 3V/cm 进行电泳，直至 2.3kb 的 *Hin*dⅢ片段跑完凝胶全长（即 17~20h 后），加白色标尺作对比，通过紫外光透射仪对凝胶拍照，记录区带迁移距离。

（8）先用酸性洗液处理分离后的 DNA 片段（15min），再碱性洗液处理（30min），最后用中性洗液处理（30min），如最简单的方法是用 20×SSC 转移缓冲液，利用毛吸作用，使琼脂糖凝胶转移到尼龙膜上（Hybond N，Amersham），然后以 2×SSC 冲洗该膜，干燥，用保鲜膜或类似物包裹。

（9）使用紫外光透射仪（如 TM20，UVP Inc），将 DNA 片段暴露于紫外线（302nm）下 5min，将其固定在膜上。

（10）在进行杂交前，已固定的膜应置于干燥的塑料袋中避光保存。

二、标记 M13 噬菌体 DNA 的制备

（1）在无菌微型管中，将 2μl 稀释的 M13 DNA 和 11μl 蒸馏水混匀。

（2）将试管置于沸水浴 2min。

(3) 直接将试管放入冰中 5min。

(4) 在试管中加入 11.4μl LS 缓冲液和 0.5μl 的 BSA。

(5) 在铅屏后面，向试管中加入 10μl [^{32}P]-dGTP 和 2μl Klenow 酶。

(6) 试管内容物混匀后短暂离心。

(7) 在铅屏后，室温下孵育试管。

(8) 用移液管小心地将试管中的液体移到预先用 10ml 洗柱缓冲液平衡的 Sephadex 柱中。

(9) 用洗柱缓冲液 2×400μl 洗 2 次，收集第 2 次的洗出液作为纯化的探针。

(10) 煮沸纯化探针 2min 后，置于冰上冷却，再与杂交液混合。

三、杂　　交

(1) 在聚乙烯三明治盒中，把膜（最多三张膜）放入 200ml 55℃ 预热的预杂交液中。

(2) 55℃ 下，摇动盒子 4h。

(3) 把膜转移到第二个三明治盒子 150ml 55℃ 预热的预杂交液中，同时加入煮沸并冷却的探针。

(4) 摇动盒子 55℃ 下过夜，至少 16h。

(5) 将两张膜转移到 1L 的严格冲洗液中，室温下摇动该混合物 15min。

(6) 重复步骤（5）。

(7) 用 1L 55℃ 预温的严格冲洗液替换前液，加入 0.1% SDS，55℃ 下摇动 15min。

(8) 室温下 1×SSC 冲洗膜。

(9) 将膜置于滤纸上，在空气中干燥，至微潮状态，然后用保鲜膜包裹住，并用手提式监测器监测表面放射性，-80℃ 行放射自显影确定 X 射线曝光的时间，在放射自显影胶片盒中每张杂交后的 Southern 膜可放两张胶片（如富士 RX）。

(10) 为较准确地估计所需的最终曝光时间，第一张胶片要曝光过夜，可使用标准的 X 射线光片显影试剂［如 1∶5（V/V）的 CD15 显影 5min，CD40 定影 5min］。

琼脂糖电泳后可直接观察在细胞培养中遇到的大多数种属特异的 DNA 片段（图 12-8）。

多位点法可检测整个基因组多位点基因结构变化，对多物种的分析更通用。本实验程序描述的指纹技术为多物种细胞系的质控提供了一个直接、经济的途径，这种检测可同时确证和排除交叉污染，这些都是必需的标准，并可确保实验数据的一致性及避免由于贴错标签或交叉污染而导致的时间、金钱的浪费。

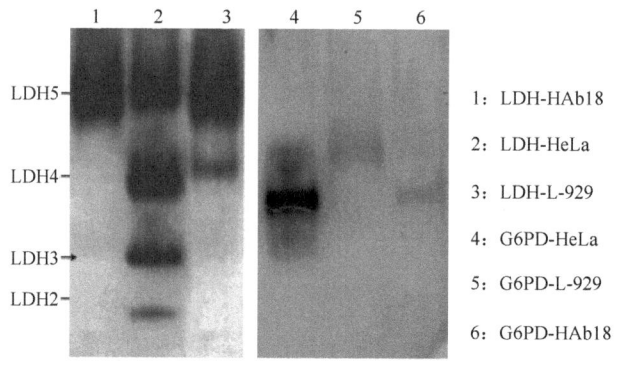

图 12-8　细胞 DNA 指纹检测

操作规程 13　血清的使用及质量控制

一、流　　程

选用优质胎牛血清

小样试用及该批号血清质检报告

血清样品支原体检测合格

3 株以上细胞试培养,生长良好

订购试用批号血清

复检:到货后抽样检测支原体(注意包装完整,有效期足够)

灭活

分装:检验合格后分装,冻存

细胞扩增、繁殖使用

二、血清试用实验方案

(1) 选择市场可用血清优质血清多个样品。

(2) 选择 3~5 种细胞进行下列实验。

(3) 一般传代观察：细胞复苏后，每种细胞分别传代至 12 瓶（共 60 瓶），分别加测试血清，每种血清各 2 瓶。连续 1∶3 传代，传代 3 次。然后每种细胞以 2×10^4 个细胞接种 3 个 T25 培养瓶，传代后 3 天计数。观察培养过程中细胞状态、形态等，图片记录结果。

(4) 细胞生长曲线测定：血清样品以 2×10^4 个细胞接种 T25 培养瓶，连续 5 天计数每瓶细胞数，每天 3 瓶。设对照。

(5) 集落形成率测定：3 个贴壁培养细胞，以 200 个细胞接种 6 孔培养板，连续观察 2~3 周，计数集落形成数，图片记录。设对照。

(6) 根据实验结果，选择最优批号，尽量多购置，满足一段时间内稳定使用。

操作规程 14　同工酶检测

细胞系的物种起源可以用凝胶电泳确定，凝胶电泳可用于测定 7 种同工酶的迁移率，它们是核苷磷酸化酶（NP）、葡萄糖-6-磷酸脱氢酶（G6PD）、苹果酸脱氢酶（MD）、乳酸脱氢酶（LD）、天冬氨酸氨基转移酶（AST）、甘露糖-6-磷酸异构酶（MPI）和肽酶 B（Pep B）。在多数情况下，起源物种可用所列 7 种同工酶中的 4 种来确定，即核苷磷酸化酶、葡萄糖-6-磷酸脱氢酶、苹果酸脱氢酶和乳酸脱氢酶。同样，物种间细胞系的交叉污染在大多数情况下也用这 4 种同工酶检测，分析小鼠细胞系被仓鼠细胞系污染时还需要肽酶 B。

一、材　　料

(1) 细胞抽提蛋白质，同时以 L929 抽提物作标准、HeLa S3 抽提物作对照。细胞抽提缓冲液（Innovative Chemistry，Inc）或 Triton X-100 抽提溶液：1∶15（V/V），Triton X-100 溶于生理盐水，包含 6.6×10^{-4} mol/L EDTA，pH 7.1（4℃保存）。

(2) 制备琼脂糖凝胶，每种酶的检测使用一张。

(3) 电泳仪：可定时间的电泳仪电源（160V DC）。

(4) 酶底物。

(5) 样品加样器、加样头、孵育盘、染色或洗涤盘、孵育室或干燥器、离心机等。

二、操作步骤

（一）抽提物的制备

（1）按常规方法培养细胞达 2×10^7 个活细胞。

（2）依照具体细胞系实验推荐的方法收集细胞。

（3）细胞团重悬于 D-PBS 中，计数活细胞。

（4）细胞悬液以 $300\,g$ 离心 5~10min 沉淀细胞，倾去上清液。

（5）重复步骤（3）和（4），总共洗涤细胞 3 次。

（6）向细胞团块中加入 $100\mu l$ 抽提液。

（7）小心地将细胞悬液吸取至小容量移液管中，上下吹吸直至全部细胞裂解。

（8）将细胞裂解液移至 1.5ml 管离心管中，用移液管上下吹吸数分钟直至细胞膜成云雾状并集结在一起，用微量离心机以最高速度（约 $9000\,g$）离心细胞裂解液 2min，收集上清液，等分为所需体积，-70℃保存。

（二）安装电泳装置

按照说明，安装水平电泳槽，插好电极。

（三）电泳步骤

（1）标记每块待用琼脂糖凝胶。可用标签或用永久性记号笔在凝胶背面做个记号。

（2）将凝胶放在台面上。调整凝胶方向使样品孔离操作者最近。

（3）标记每个样品孔，标明将被检测的样品（如标准、对照、未知 1、未知 2 等），每块凝胶可检测 6 个未知样品。

（4）将琼脂糖凝胶从支持物上小心地剥离。

（5）向样品孔加入细胞抽提物。用移液器将 $1\mu l$ 细胞抽提物精确地加到每个孔中。每个样品用一个新的头。将分子质量标准品点样于泳道 1，对照点样于泳道 2，未知点样于泳道 3~8。为避免损伤琼脂糖，只有细胞抽提液滴可接触样孔，点样器尖不能碰孔。若点样量为 $2\mu l$，在第 $1\mu l$ 样品散到琼脂糖内后再点第 2 滴。

（6）将每个已点样的琼脂糖胶插入电泳槽盖上。将琼脂糖胶的阳极（＋）与电泳槽盖的阳极（＋）匹配。

（7）与电泳仪连接，打开电源（160V），定时 25min。

（8）配置底物。

(9) 电泳结束时，从电泳槽座上拿开电泳槽盖并将其置于吸水纸上。

（四）染色步骤

(1) 从电泳槽室中取出琼脂糖胶，抓住凝胶膜边缘，从中取出。

(2) 将琼脂糖凝胶侧立，置于水平放在平面上的吸水纸上，点样孔朝向操作者。

(3) 仔细地用不起毛的吸纸吸去琼脂糖胶两端残余的缓冲液。

(4) 沿着琼脂糖凝胶膜底边放置一支 5ml 的移液管。

(5) 沿着移液管的前缘将重新制备的底物均匀倾倒于琼脂糖胶上。

(6) 用平滑的动作推动吸管经过琼脂糖表面，一次完成，再向操作者方向拖回吸管，在琼脂糖表面推多次，吸管滚动着离开琼脂糖末端，在此过程中移去多余的物质，注意不要破坏琼脂糖凝胶，此步无需加压。

(7) 将边缘整齐的琼脂糖胶放在预热的孵育器盘中，琼脂糖面向上，并把盘置于 37℃孵箱内 5～20min。

(8) 孵育后，用 500ml 双蒸水或去离子水清洗琼脂糖胶两次，用磁力搅拌棒搅动，每次 15min，第一个 15min 后，取出每个凝胶膜，将水弃去，加入 500ml 新鲜水于器皿中，将凝胶膜浸入水中，并以遮盖避光，确保凝胶膜完全浸入而不是漂浮在清洗液上。

(9) 从水中取回凝胶膜，将其放置于孵箱或烤箱烘干室的烘干架内，烘干 30min 或直到琼脂糖胶干燥，也可将琼脂糖胶室温干燥过夜。

(10) 清洁整理，倒掉电泳槽底缓冲液，并用蒸馏水冲洗，将电泳槽盖中的水倒出，冲洗槽盖内部，并晾干。

(11) 结果评价，区带是永久性的，凝胶膜也可保存起来，或制作数据图片（如图 12-9），便于将来参考，如果随着时间延长，出现背景染色，则说明凝胶清洗不够充分。

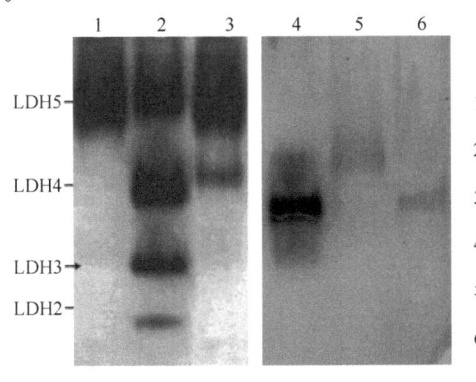

图 12-9　细胞同工酶检测

(五) 电泳图分析

将干燥的凝胶贴到凝胶记录表上,在起点上对齐点样孔,并进行测量,记录表的明黄色背景以毫米距离排列,与干燥的凝胶上紫色条带反差最大,条带更明显,测量从点样区域中间到酶条带中间的距离作为酶的移动距离。记录酶迁移数据表上所测的标准、对照和未知酶的移动距离。将酶迁移数据导入分析表,以确定其种系。将这些表保存于笔记本中作为结果中的永久记录。

起草单位:中国医学科学院基础医学研究所
修改执笔人:刘玉琴 张 宏
2007年7月

附录 实验细胞平台收藏细胞目录

序号	资源名称	资源外文名	保存单位
1	小鼠胚胎成纤维细胞	3T3-Swiss albino	中国医学科学院基础医学研究所基础医学细胞中心
2	人肺癌细胞	A549［A-549］	中国医学科学院基础医学研究所基础医学细胞中心
3	二氢叶酸缺陷型中国仓鼠卵巢细胞	CHO/dhFr-	中国医学科学院基础医学研究所基础医学细胞中心
4	中国仓鼠卵巢细胞K1（亚系克隆）	CHO-K1	中国医学科学院基础医学研究所基础医学细胞中心
5	小鼠T淋巴细胞瘤细胞	Cyc-Tag（S49）	中国医学科学院基础医学研究所基础医学细胞中心
6	人前列腺癌细胞	DU145	中国医学科学院基础医学研究所基础医学细胞中心
7	小鼠骨髓细胞	FDC-P1	中国医学科学院基础医学研究所基础医学细胞中心
8	大鼠垂体瘤细胞	GH3	中国医学科学院基础医学研究所基础医学细胞中心
9	小鼠垂体瘤细胞	GT1-1	中国医学科学院基础医学研究所基础医学细胞中心
10	人胚胎肾细胞	HEK293	中国医学科学院基础医学研究所基础医学细胞中心
11	人宫颈癌细胞	HeLa	中国医学科学院基础医学研究所基础医学细胞中心
12	小鼠胚胎成骨细胞前体细胞	MC3T3-E1	中国医学科学院基础医学研究所基础医学细胞中心
13	人乳腺癌细胞	MCF7	中国医学科学院基础医学研究所基础医学细胞中心
14	人乳腺癌细胞	MDA-MB-231	中国医学科学院基础医学研究所基础医学细胞中心

15	人乳腺癌细胞	MDA-MB-435S	中国医学科学院基础医学研究所基础医学细胞中心
16	人乳腺癌细胞	MDA-MB-453S	中国医学科学院基础医学研究所基础医学细胞中心
17	小鼠神经母细胞瘤细胞与大鼠胶质瘤细胞之融合细胞	NG108-15〔108CC15〕	中国医学科学院基础医学研究所基础医学细胞中心
18	小鼠胚胎成纤维细胞	NIH/3T3	中国医学科学院基础医学研究所基础医学细胞中心
19	人恶性多发性畸胎瘤细胞	NTERA-2	中国医学科学院基础医学研究所基础医学细胞中心
20	小鼠睾丸畸胎瘤细胞	P19	中国医学科学院基础医学研究所基础医学细胞中心
21	人卵巢畸胎瘤细胞	PA-1	中国医学科学院基础医学研究所基础医学细胞中心
22	小鼠成纤维细胞（来自NIH3T3）	PA12	中国医学科学院基础医学研究所基础医学细胞中心
23	人胰腺癌细胞	PANC-1	中国医学科学院基础医学研究所基础医学细胞中心
24	大鼠肾上腺嗜铬细胞瘤细胞	PC-12	中国医学科学院基础医学研究所基础医学细胞中心
25	人成骨肉瘤细胞	Saos-2	中国医学科学院基础医学研究所基础医学细胞中心
26	人神经母细胞瘤细胞	SH-SY5Y	中国医学科学院基础医学研究所基础医学细胞中心
27	人卵巢腺癌细胞	SK-OV-3	中国医学科学院基础医学研究所基础医学细胞中心
28	人骨肉瘤细胞	U-2OS	中国医学科学院基础医学研究所基础医学细胞中心
29	小鼠血细胞	WEHI-3	中国医学科学院基础医学研究所基础医学细胞中心
30	小鼠成纤维细胞	$\phi 2$	中国医学科学院基础医学研究所基础医学细胞中心
31	人横纹肌肉瘤细胞	A-204	中国医学科学院基础医学研究所基础医学细胞中心

32	人肺腺癌细胞	Calu-3	中国医学科学院基础医学研究所基础医学细胞中心
33	SV40转化的非洲绿猴肾细胞	COS-7	中国医学科学院基础医学研究所基础医学细胞中心
34	人肾癌Wilms细胞	G401	中国医学科学院基础医学研究所基础医学细胞中心
35	人肝癌细胞	Hep G2	中国医学科学院基础医学研究所基础医学细胞中心
36	人包皮成纤维细胞	HFF	中国医学科学院基础医学研究所基础医学细胞中心
37	人早幼粒急性白血病细胞	HL-60	中国医学科学院基础医学研究所基础医学细胞中心
38	人骨肉瘤细胞	HOS	中国医学科学院基础医学研究所基础医学细胞中心
39	人慢性髓系白血病细胞	K562	中国医学科学院基础医学研究所基础医学细胞中心
40	人前列腺癌细胞	LNCaP	中国医学科学院基础医学研究所基础医学细胞中心
41	人乳腺癌细胞	MCF 7B	中国医学科学院基础医学研究所基础医学细胞中心
42	小鼠红白血病细胞	MEL	中国医学科学院基础医学研究所基础医学细胞中心
43	人急性淋巴母细胞性白血病细胞	MOLT-4	中国医学科学院基础医学研究所基础医学细胞中心
44	人胚肺成纤维细胞	MRC-5	中国医学科学院基础医学研究所基础医学细胞中心
45	人小细胞肺癌细胞	NCI-H209	中国医学科学院基础医学研究所基础医学细胞中心
46	黑人Burkitt淋巴瘤细胞	RAJI	中国医学科学院基础医学研究所基础医学细胞中心
47	人B淋巴细胞瘤细胞	RAMOS	中国医学科学院基础医学研究所基础医学细胞中心
48	人B淋巴细胞瘤细胞	RAMOS（RA.1）	中国医学科学院基础医学研究所基础医学细胞中心

49	人脑瘤细胞	SF126	中国医学科学院基础医学研究所基础医学细胞中心
50	人脑瘤细胞	SF763	中国医学科学院基础医学研究所基础医学细胞中心
51	人脑瘤细胞	SF767	中国医学科学院基础医学研究所基础医学细胞中心
52	人皮肤黑色素瘤细胞	SK-MEL-1	中国医学科学院基础医学研究所基础医学细胞中心
53	兔主动脉平滑肌细胞	SMC	中国医学科学院基础医学研究所基础医学细胞中心
54	小鼠骨髓瘤细胞	SP2/0	中国医学科学院基础医学研究所基础医学细胞中心
55	人肾上腺皮质瘤细胞	SW13	中国医学科学院基础医学研究所基础医学细胞中心
56	人结肠癌细胞	T84	中国医学科学院基础医学研究所基础医学细胞中心
57	人急性单核细胞白血病细胞	THP-1	中国医学科学院基础医学研究所基础医学细胞中心
58	人神经胶质细胞瘤细胞	U251	中国医学科学院基础医学研究所基础医学细胞中心
59	人组织细胞淋巴瘤细胞	U937	中国医学科学院基础医学研究所基础医学细胞中心
60	非洲绿猴肾细胞	VERO	中国医学科学院基础医学研究所基础医学细胞中心
61	小鼠垂体瘤细胞（分泌促生长激素分泌激素）	AtT-20	中国医学科学院基础医学研究所基础医学细胞中心
62	人胃腺癌细胞	BGC-823	中国医学科学院基础医学研究所基础医学细胞中心
63	小鼠小胶质细胞	BV2	中国医学科学院基础医学研究所基础医学细胞中心
64	非洲绿猴肾细胞	CV-1	中国医学科学院基础医学研究所基础医学细胞中心
65	小鼠骨髓瘤细胞	Fox-NY	中国医学科学院基础医学研究所基础医学细胞中心

66	兔主动脉平滑肌细胞	CCC-SMC-1	中国医学科学院基础医学研究所基础医学细胞中心
67	人低分化肺腺癌细胞	GLC-82	中国医学科学院基础医学研究所基础医学细胞中心
68	人喉癌上皮细胞	Hep-2	中国医学科学院基础医学研究所基础医学细胞中心
69	人皮肤成纤维细胞	CCC-HSF-1	中国医学科学院基础医学研究所基础医学细胞中心
70	人纤维肉瘤细胞	HT-1080	中国医学科学院基础医学研究所基础医学细胞中心
71	人绒癌细胞	JEG-3	中国医学科学院基础医学研究所基础医学细胞中心
72	人绒癌细胞耐药株	JEG-3/VP16	中国医学科学院基础医学研究所基础医学细胞中心
73	白细胞介素-2转染耐VP16绒癌细胞	JEG-3/VP16-IL-2	中国医学科学院基础医学研究所基础医学细胞中心
74	TNFa转染耐VP16绒癌细胞	JEG-3-VP16-TNFa	中国医学科学院基础医学研究所基础医学细胞中心
75	人急性T淋巴细胞白血病细胞	Jurkat, Clone E6-1	中国医学科学院基础医学研究所基础医学细胞中心
76	人神经母细胞瘤细胞	M17	中国医学科学院基础医学研究所基础医学细胞中心
77	人乳腺癌细胞	MDA-MB-157	中国医学科学院基础医学研究所基础医学细胞中心
78	犬肾细胞	MDCK	中国医学科学院基础医学研究所基础医学细胞中心
79	小鼠胚胎成纤维细胞	MEF	中国医学科学院基础医学研究所基础医学细胞中心
80	人成骨肉瘤细胞	MG-63	中国医学科学院基础医学研究所基础医学细胞中心
81	大鼠垂体瘤细胞	MMQ	中国医学科学院基础医学研究所基础医学细胞中心
82	人小细胞肺癌细胞	NCI-H446	中国医学科学院基础医学研究所基础医学细胞中心
83	人多发性骨髓瘤细胞	RPMI-8226	中国医学科学院基础医学研究所基础医学细胞中心

84	人脑瘤细胞	SF17	中国医学科学院基础医学研究所基础医学细胞中心
85	人乳腺癌细胞	SK-BR-3	中国医学科学院基础医学研究所基础医学细胞中心
86	人神经母细胞瘤细胞	SK-N-SH	中国医学科学院基础医学研究所基础医学细胞中心
87	人肝癌细胞	SMMC-7721	中国医学科学院基础医学研究所基础医学细胞中心
88	人羊膜细胞	WISH	中国医学科学院基础医学研究所基础医学细胞中心
89	小鼠淋巴瘤细胞（NK靶细胞）	YAC-1	中国医学科学院基础医学研究所基础医学细胞中心
90	人乳腺导管癌细胞	ZR-75-1	中国医学科学院基础医学研究所基础医学细胞中心
91	人胚肾细胞	293T	中国医学科学院基础医学研究所基础医学细胞中心
92	人皮肤鳞癌细胞	A-431	中国医学科学院基础医学研究所基础医学细胞中心
93	野生型人c-kit受体细胞株	A7d	中国医学科学院基础医学研究所基础医学细胞中心
94	人黑色素瘤细胞	A875	中国医学科学院基础医学研究所基础医学细胞中心
95	小鼠原B细胞株	BaF3	中国医学科学院基础医学研究所基础医学细胞中心
96	小鼠脑瘤细胞	BC3H1	中国医学科学院基础医学研究所基础医学细胞中心
97	叙利亚仓鼠肾细胞	BHK-21	中国医学科学院基础医学研究所基础医学细胞中心
98	非洲绿猴肾细胞	BS-C-1	中国医学科学院基础医学研究所基础医学细胞中心
99	小鼠成肌细胞	C2C12	中国医学科学院基础医学研究所基础医学细胞中心
100	人结肠癌细胞	Caco-2	中国医学科学院基础医学研究所基础医学细胞中心
101	叙利亚仓鼠肾细胞	BHK-21	中国科学院上海生命科学研究院细胞资源中心

102	二氢叶酸缺陷型中国仓鼠卵巢细胞	CHO/dhFr-	中国科学院上海生命科学研究院细胞资源中心
103	中国仓鼠卵巢细胞K1（亚系克隆）	CHO-K1	中国科学院上海生命科学研究院细胞资源中心
104	仓鼠卵巢细胞	Lec1	中国科学院上海生命科学研究院细胞资源中心
105	人胚肾细胞	293	中国科学院上海生命科学研究院细胞资源中心
106	人胚肺细胞	WI-38	中国科学院上海生命科学研究院细胞资源中心
107	人胚肺成纤维细胞	MRC-5	中国科学院上海生命科学研究院细胞资源中心
108	腺病毒转化的人胚肾细胞	AAV-293	中国科学院上海生命科学研究院细胞资源中心
109	SV40转染人成骨细胞	hFOB 1.19	中国科学院上海生命科学研究院细胞资源中心
110	人乳腺浸润性导管癌旁皮肤细胞	CCD-1095Sk	中国科学院上海生命科学研究院细胞资源中心
111	人正常乳腺细胞	Hs 578Bst	中国科学院上海生命科学研究院细胞资源中心
112	人胚肾细胞	293T	中国科学院上海生命科学研究院细胞资源中心
113	人胚肾细胞	293 Cells, low passage	中国科学院上海生命科学研究院细胞资源中心
114	人恶性非霍奇金淋巴瘤患者的自然杀伤细胞	NK-92	中国科学院上海生命科学研究院细胞资源中心
115	人B淋巴母细胞	HMy2.CIR	中国科学院上海生命科学研究院细胞资源中心
116	人恶性非霍奇金淋巴瘤患者的自然杀伤细胞	NK-92MI	中国科学院上海生命科学研究院细胞资源中心
117	小鼠胚胎成纤维细胞	NIH/3T3	中国科学院上海生命科学研究院细胞资源中心
118	小鼠胚胎成纤维细胞	PA317	中国科学院上海生命科学研究院细胞资源中心

119	小鼠胚胎成纤维细胞	3T3-Swiss albino	中国科学院上海生命科学研究院细胞资源中心
120	小鼠胚胎成纤维细胞	3T3-L1	中国科学院上海生命科学研究院细胞资源中心
121	小鼠皮下结缔组织细胞	A-9	中国科学院上海生命科学研究院细胞资源中心
122	SV40转化的非洲绿猴肾细胞	COS-7	中国科学院上海生命科学研究院细胞资源中心
123	非洲绿猴肾细胞	VERO	中国科学院上海生命科学研究院细胞资源中心
124	犬肾细胞	MDCK	中国科学院上海生命科学研究院细胞资源中心
125	猫肾细胞	CRFK	中国科学院上海生命科学研究院细胞资源中心
126	恒河猴胚肾细胞	FRhK-4	中国科学院上海生命科学研究院细胞资源中心
127	负鼠肾细胞	OK	中国科学院上海生命科学研究院细胞资源中心
128	大鼠成肌细胞	L6	中国科学院上海生命科学研究院细胞资源中心
129	小鼠杂交瘤细胞	PK136	中国科学院上海生命科学研究院细胞资源中心
130	小鼠神经母细胞瘤细胞与大鼠胶质瘤细胞之融合细胞	NG108-15〔108CC15〕	中国科学院上海生命科学研究院细胞资源中心
131	人肺癌细胞	A549〔A-549〕	中国科学院上海生命科学研究院细胞资源中心
132	人胰腺癌细胞	BxPC-3	中国科学院上海生命科学研究院细胞资源中心
133	人宫颈癌细胞	HeLa	中国科学院上海生命科学研究院细胞资源中心
134	人早幼粒急性白血病细胞	HL-60	中国科学院上海生命科学研究院细胞资源中心
135	人前列腺癌细胞	LNCaP clone FGC〔LNCaP.FGC〕	中国科学院上海生命科学研究院细胞资源中心

136	人结肠癌细胞	LS 174T	中国科学院上海生命科学研究院细胞资源中心
137	人乳腺癌细胞	MDA-MB-435S	中国科学院上海生命科学研究院细胞资源中心
138	人前列腺癌细胞	PC-3	中国科学院上海生命科学研究院细胞资源中心
139	人乳腺癌细胞	SK-BR-3	中国科学院上海生命科学研究院细胞资源中心
140	人神经母细胞瘤细胞	SK-N-SH	中国科学院上海生命科学研究院细胞资源中心
141	人急性单核细胞白血病细胞	THP-1	中国科学院上海生命科学研究院细胞资源中心
142	人结肠癌细胞	Caco-2	中国科学院上海生命科学研究院细胞资源中心
143	人肺腺癌细胞	Calu-3	中国科学院上海生命科学研究院细胞资源中心
144	人肝癌细胞	Hep G2	中国科学院上海生命科学研究院细胞资源中心
145	人乳腺癌细胞	MCF7	中国科学院上海生命科学研究院细胞资源中心
146	人髓状甲状腺肿瘤细胞	TT	中国科学院上海生命科学研究院细胞资源中心
147	人皮肤鳞癌细胞	A-431	中国科学院上海生命科学研究院细胞资源中心
148	人结肠癌细胞	LoVo	中国科学院上海生命科学研究院细胞资源中心
149	人结肠腺癌细胞	SW480［SW-480］	中国科学院上海生命科学研究院细胞资源中心
150	人乳腺癌细胞	T47D	中国科学院上海生命科学研究院细胞资源中心
151	人骨肉瘤细胞	U-2OS	中国科学院上海生命科学研究院细胞资源中心
152	人乳腺癌细胞	BT-549	中国科学院上海生命科学研究院细胞资源中心

153	人高转移肝癌细胞	HCCLM3	中国科学院上海生命科学研究院细胞资源中心
154	人胶质母细胞瘤细胞	A172	中国科学院上海生命科学研究院细胞资源中心
155	人 T 淋巴细胞白血病细胞	A3	中国科学院上海生命科学研究院细胞资源中心
156	人神经母细胞瘤细胞	SH-SY5Y	中国科学院上海生命科学研究院细胞资源中心
157	人胰腺癌细胞	PANC-1	中国科学院上海生命科学研究院细胞资源中心
158	人结肠癌细胞	HCT 116	中国科学院上海生命科学研究院细胞资源中心
159	人前列腺癌细胞	22Rv1	中国科学院上海生命科学研究院细胞资源中心
160	人结肠癌细胞	SW620	中国科学院上海生命科学研究院细胞资源中心
161	人结肠癌细胞	COLO 205	中国科学院上海生命科学研究院细胞资源中心
162	人结肠癌细胞	HT-29	中国科学院上海生命科学研究院细胞资源中心
163	人乳腺癌细胞	MDA-MB-231	中国科学院上海生命科学研究院细胞资源中心
164	急性髓系细胞白血病细胞	KG-1	中国科学院上海生命科学研究院细胞资源中心
165	人肝癌细胞	Hep 3B2.1-7	中国科学院上海生命科学研究院细胞资源中心
166	人卵巢腺癌细胞	SK-OV-3	中国科学院上海生命科学研究院细胞资源中心
167	人卵巢癌细胞	OVCAR-3	中国科学院上海生命科学研究院细胞资源中心
168	人肝腹水腺癌细胞	SK-HEP-1	中国科学院上海生命科学研究院细胞资源中心
169	人肺鳞癌细胞	SK-MES-1	中国科学院上海生命科学研究院细胞资源中心
170	人卵巢透明细胞癌细胞	ES-2	中国科学院上海生命科学研究院细胞资源中心

171	人胰腺癌细胞	CFPAC-1	中国科学院上海生命科学研究院细胞资源中心
172	人子宫颈鳞状细胞癌细胞	SiHa	中国科学院上海生命科学研究院细胞资源中心
173	人成骨肉瘤细胞	Saos-2	中国科学院上海生命科学研究院细胞资源中心
174	人子宫内膜腺癌细胞	HEC-1-B	中国科学院上海生命科学研究院细胞资源中心
175	人肝癌亚历山大细胞	PLC/PRF/5	中国科学院上海生命科学研究院细胞资源中心
176	人乳腺癌细胞	MDA-MB-468	中国科学院上海生命科学研究院细胞资源中心
177	人大细胞肺癌细胞	NCI-H661	中国科学院上海生命科学研究院细胞资源中心
178	人肺癌细胞（淋巴结转移）	NCI-H292	中国科学院上海生命科学研究院细胞资源中心
179	人急性T淋巴细胞白血病细胞	Jurkat, Clone E6-1	中国科学院上海生命科学研究院细胞资源中心
180	人成骨肉瘤细胞	MG-63	中国科学院上海生命科学研究院细胞资源中心
181	人甲状腺鳞癌细胞	SW579［SW 579；SW-579］	中国科学院上海生命科学研究院细胞资源中心
182	人乳腺导管癌细胞	ZR-75-1	中国科学院上海生命科学研究院细胞资源中心
183	人乳腺癌细胞	Hs 578T	中国科学院上海生命科学研究院细胞资源中心
184	人骨肉瘤细胞	SW 1353	中国科学院上海生命科学研究院细胞资源中心
185	小鼠黑色素瘤细胞	B16	中国科学院上海生命科学研究院细胞资源中心
186	小鼠淋巴瘤细胞	EL4	中国科学院上海生命科学研究院细胞资源中心
187	小鼠单核巨噬细胞白血病细胞	RAW 264.7	中国科学院上海生命科学研究院细胞资源中心
188	小鼠白血病细胞	L1210	中国科学院上海生命科学研究院细胞资源中心

189	小鼠骨髓瘤细胞	P3/NSI/1-Ag4-1 [NS-1]	中国科学院上海生命科学研究院细胞资源中心
190	小鼠睾丸畸胎瘤细胞	P19	中国科学院上海生命科学研究院细胞资源中心
191	小鼠脑神经瘤细胞	Neuro-2a [N2a; Neuro-2a]	中国科学院上海生命科学研究院细胞资源中心
192	小鼠肝癌细胞	Hepa 1-6	中国科学院上海生命科学研究院细胞资源中心
193	小鼠骨髓瘤细胞	FO	中国科学院上海生命科学研究院细胞资源中心
194	鸡淋巴瘤细胞	DT40	中国科学院上海生命科学研究院细胞资源中心
195	大鼠脑胶质瘤细胞	C6	中国科学院上海生命科学研究院细胞资源中心
196	大鼠肾上腺嗜铬细胞瘤细胞	PC-12	中国科学院上海生命科学研究院细胞资源中心
197	人急性淋巴白血病细胞	CCRF-CEM	中国科学院上海生命科学研究院细胞资源中心
198	小鼠胚胎干细胞	ES-D3(CRL-11632)	中国科学院上海生命科学研究院细胞资源中心
199	小鼠胚胎干细胞	ES-D3(CRL-1934)	中国科学院上海生命科学研究院细胞资源中心
200	人脐静脉内皮细胞	HUV-EC-C	中国科学院上海生命科学研究院细胞资源中心
201	小鼠淋巴瘤细胞（NK靶细胞）	YAC-1	中国典型培养物保藏中心细胞库
202	鼠胸腺激酶缺陷细胞株	L-M (TK-)	中国典型培养物保藏中心细胞库
203	人卵巢癌细胞	COC1	中国典型培养物保藏中心细胞库
204	人喉癌上皮细胞	Hep-2	中国典型培养物保藏中心细胞库
205	人胚肺二倍体细胞	KMB-17	中国典型培养物保藏中心细胞库
206	大鼠肾上腺嗜铬细胞瘤细胞	PC-12	中国典型培养物保藏中心细胞库

207	猪胎睾丸传代细胞	ST	中国典型培养物保藏中心细胞库
208	昆虫卵巢细胞	SF9	中国典型培养物保藏中心细胞库
209	人宫颈癌细胞	HeLa	中国典型培养物保藏中心细胞库
210	叙利亚仓鼠肾细胞	BHK-21	中国典型培养物保藏中心细胞库
211	小鼠骨髓瘤细胞	P3/NSI/1-Ag-1（NS-1）	中国典型培养物保藏中心细胞库
212	犬肾细胞	MDCK	中国典型培养物保藏中心细胞库
213	小鼠胚成纤维细胞	STO	中国典型培养物保藏中心细胞库
214	小鼠骨髓瘤细胞	P3X63-Ag 8.653	中国典型培养物保藏中心细胞库
215	EB病毒转化的绒猴淋巴细胞	B95-8	中国典型培养物保藏中心细胞库
216	人胚肺细胞	WI-38	中国典型培养物保藏中心细胞库
217	小鼠杂交瘤细胞	B6y H4	中国典型培养物保藏中心细胞库
218	中国仓鼠卵巢细胞K1（亚系克隆）	CHO-K1	中国典型培养物保藏中心细胞库
219	小鼠骨髓瘤细胞	Sp2/0-Ag14	中国典型培养物保藏中心细胞库
220	昆虫卵巢细胞	Sf21	中国典型培养物保藏中心细胞库
221	小鼠肿瘤细胞	B82	中国典型培养物保藏中心细胞库
222	猪肾传代细胞	IBRS-2	中国典型培养物保藏中心细胞库
223	人脐静脉内皮细胞	ECV 304	中国典型培养物保藏中心细胞库
224	人肝癌细胞	Hep G2	中国典型培养物保藏中心细胞库

225	小鼠乳腺癌细胞	MA782/5S-8101	中国典型培养物保藏中心细胞库
226	小鼠乳腺癌细胞	GR-M	中国典型培养物保藏中心细胞库
227	人早幼粒急性白血病细胞	HL-60	中国典型培养物保藏中心细胞库
228	人早幼粒急性白血病细胞	HL-60	中国典型培养物保藏中心细胞库
229	非洲绿猴肾细胞	VERO	中国典型培养物保藏中心细胞库
230	小鼠胚胎成纤维细胞	NIH/3T3	中国典型培养物保藏中心细胞库
231	人 T 淋巴瘤细胞	H9	中国典型培养物保藏中心细胞库
232	人胚肺成纤维细胞	MRC-5	中国典型培养物保藏中心细胞库
233	非洲绿猴肾细胞	BS-C-1	中国典型培养物保藏中心细胞库
234	小鼠结缔组织 L 细胞株 929 克隆	L-929	中国典型培养物保藏中心细胞库
235	人肝癌细胞	Bel-7402	中国典型培养物保藏中心细胞库
236	恒河猴胚肾细胞	FRhk-4	中国典型培养物保藏中心细胞库
237	人慢性髓系白血病细胞	K562	中国典型培养物保藏中心细胞库
238	小鼠黑色素瘤细胞	B16-F0	中国典型培养物保藏中心细胞库
239	小鼠黑色素瘤细胞	B16-F1	中国典型培养物保藏中心细胞库
240	人羊膜细胞	WISH	中国典型培养物保藏中心细胞库
241	罗猴胎肾细胞	MA104	中国典型培养物保藏中心细胞库
242	人结肠癌细胞	COLO 320DM	中国典型培养物保藏中心细胞库

243	人小肠癌细胞	HIC	中国典型培养物保藏中心细胞库
244	人腺癌细胞	F56	中国典型培养物保藏中心细胞库
245	人乳腺癌细胞	T47D	中国典型培养物保藏中心细胞库
246	人乳腺癌细胞	1590	中国典型培养物保藏中心细胞库
247	人神经母细胞瘤细胞	SK-N-SH	中国典型培养物保藏中心细胞库
248	人涎腺样囊性癌细胞	ACC-2	中国典型培养物保藏中心细胞库
249	人卵巢癌细胞	Anglne	中国典型培养物保藏中心细胞库
250	人肺癌细胞	SPC-A1	中国典型培养物保藏中心细胞库
251	人T淋巴瘤细胞	HUT 102	中国典型培养物保藏中心细胞库
252	人乳腺癌细胞	MDA-MB-435S	中国典型培养物保藏中心细胞库
253	人乳腺导管癌细胞	ZR-75-30	中国典型培养物保藏中心细胞库
254	人乳腺癌细胞	MCF7	中国典型培养物保藏中心细胞库
255	小鼠肉瘤细胞	CCRF S-180	中国典型培养物保藏中心细胞库
256	HeLa细胞耐药亚株	HeLa/DDP	中国典型培养物保藏中心细胞库
257	COC1细胞耐药亚株	COC1/DDP	中国典型培养物保藏中心细胞库
258	血管平滑肌细胞	T/G HA-VSMC	中国典型培养物保藏中心细胞库
259	大鼠腹水癌细胞	Walker/LLC-WRC 256	中国典型培养物保藏中心细胞库
260	猪肾细胞	PK-15	中国典型培养物保藏中心细胞库

261	VERO细胞衍生株	SVP	中国典型培养物保藏中心细胞库
262	人肺癌细胞	A549［A-549］	中国典型培养物保藏中心细胞库
263	人肝癌细胞	SMMC-7721	中国典型培养物保藏中心细胞库
264	人结肠腺癌细胞	SW480［SW-480］	中国典型培养物保藏中心细胞库
265	人涎腺癌细胞	ACC-M	中国典型培养物保藏中心细胞库
266	人原胚肾转化细胞	293 Ad5	中国典型培养物保藏中心细胞库
267	人舌癌细胞	Tca-8113	中国典型培养物保藏中心细胞库
268	人胃癌细胞	HS-746T	中国典型培养物保藏中心细胞库
269	人肝癌细胞	Hep-3b	中国典型培养物保藏中心细胞库
270	人二倍体细胞	HEL	中国典型培养物保藏中心细胞库
271	人胎盘绒膜癌细胞	BeWo	中国典型培养物保藏中心细胞库
272	人髓状甲状腺肿瘤细胞	TT	中国典型培养物保藏中心细胞库
273	人成骨肉瘤细胞	MG-63	中国典型培养物保藏中心细胞库
274	人成骨肉瘤细胞	Saos-2	中国典型培养物保藏中心细胞库
275	人胸腺激酶缺陷细胞	143B TK-	中国典型培养物保藏中心细胞库
276	人移行细胞膀胱癌细胞	T24	中国典型培养物保藏中心细胞库
277	人正常肝细胞	L-02	中国典型培养物保藏中心细胞库
278	人组织细胞淋巴瘤细胞	U937	中国典型培养物保藏中心细胞库

279	人急性淋巴母细胞性白血病细胞	MOLT-4	中国典型培养物保藏中心细胞库
280	人急性T淋巴细胞白血病细胞	Jurkat，Clone E6-1	中国典型培养物保藏中心细胞库
281	正常大鼠肾细胞	NRK	中国典型培养物保藏中心细胞库
282	人Burkitt淋巴瘤细胞	Daudi	中国典型培养物保藏中心细胞库
283	人Burkitt淋巴瘤细胞	CA46	中国典型培养物保藏中心细胞库
284	小鼠肥大细胞瘤细胞	P815	中国典型培养物保藏中心细胞库
285	兔肾细胞	RK13	中国典型培养物保藏中心细胞库
286	人肾腺癌细胞	ACHN	中国典型培养物保藏中心细胞库
287	人肾透明细胞腺癌细胞	769-P	中国典型培养物保藏中心细胞库
288	SV40转化的非洲绿猴肾细胞	COS-7	中国典型培养物保藏中心细胞库
289	人子宫颈鳞状细胞癌细胞	SiHa	中国典型培养物保藏中心细胞库
290	人卵巢腺癌细胞	SK-OV-3	中国典型培养物保藏中心细胞库
291	豚鼠胎细胞	104C1	中国典型培养物保藏中心细胞库
292	二氢叶酸缺陷型中国仓鼠卵巢细胞	CHO/dhFr-	中国典型培养物保藏中心细胞库
293	人膀胱癌细胞	BIU-87	中国典型培养物保藏中心细胞库
294	急性髓系细胞白血病细胞	KG-1	中国典型培养物保藏中心细胞库
295	人胚肺细胞VA13细胞	WI-38 VA13 亚系2RA	中国典型培养物保藏中心细胞库
296	幼蚊细胞	C6/36	中国典型培养物保藏中心细胞库

297	小鼠胚胎成纤维细胞	PA317	中国典型培养物保藏中心细胞库
298	子宫内膜腺癌（转移）细胞	AN3CA	中国典型培养物保藏中心细胞库
299	人神经胶质瘤细胞	H4	中国典型培养物保藏中心细胞库
300	人子宫内膜腺癌细胞	HEC-1-B	中国典型培养物保藏中心细胞库
301	草鱼肾细胞	CY-2	中国科学院昆明细胞库
302	人胚肺成纤维细胞	MRC-5	中国科学院昆明细胞库
303	人胚肺二倍体细胞	HEL-1	中国科学院昆明细胞库
304	人胚肾二倍体细胞	HEK-2	中国科学院昆明细胞库
305	EB病毒转化的人B淋巴细胞	KM932	中国科学院昆明细胞库
306	EB病毒转化的人B淋巴细胞（彝族）	KM934	中国科学院昆明细胞库
307	人宫颈癌细胞	HeLa	中国科学院昆明细胞库
308	人肺癌细胞	HAC-84	中国科学院昆明细胞库
309	人肺癌腺细胞	GLC-15	中国科学院昆明细胞库
310	人低分化肺腺癌细胞	GLC-82	中国科学院昆明细胞库
311	人胚肺二倍体细胞	KMB-17	中国科学院昆明细胞库
312	人慢性髓系白血病细胞	K562	中国科学院昆明细胞库
313	人膀胱癌细胞	H-bc	中国科学院昆明细胞库
314	人舌癌细胞	Tca-8113	中国科学院昆明细胞库
315	人肝癌细胞	SMMC-7721	中国科学院昆明细胞库
316	人鼻咽癌细胞	CNE	中国科学院昆明细胞库
317	人结肠癌细胞	HT-29	中国科学院昆明细胞库
318	人口腔癌细胞	KB	中国科学院昆明细胞库
319	人脑多型胶质母细胞瘤细胞	BT-325	中国科学院昆明细胞库

320	小鼠胚胎成纤维细胞	3T3-L1	中国科学院昆明细胞库
321	小鼠肺成纤维细胞	MML	中国科学院昆明细胞库
322	小鼠结缔组织 L 细胞株 929 克隆	L-929	中国科学院昆明细胞库
323	黄胸鼠肺成纤维细胞	YCR	中国科学院昆明细胞库
324	小鼠乳腺癌细胞	C-127	中国科学院昆明细胞库
325	小鼠骨髓瘤细胞	SP2/0	中国科学院昆明细胞库
326	中国仓鼠肺细胞	V79	中国科学院昆明细胞库
327	中国仓鼠肺细胞	CHL	中国科学院昆明细胞库
328	小鼠腹水瘤细胞	S180-V	中国科学院昆明细胞库
329	小鼠黑色素瘤细胞	B16	中国科学院昆明细胞库
330	大鼠肾上腺嗜铬细胞瘤细胞	PC-12	中国科学院昆明细胞库
331	黑化大家鼠肺成纤维细胞	NRm	中国科学院昆明细胞库
332	小耳猪肾细胞	SEPfk	中国科学院昆明细胞库
333	牛肾细胞	MDBK	中国科学院昆明细胞库
334	水貂肺上皮细胞	Mv 1 Lu	中国科学院昆明细胞库
335	非洲绿猴肾细胞	VERO	中国科学院昆明细胞库
336	叙利亚仓鼠肾细胞	BHK-21	中国科学院昆明细胞库
337	SV40 转化的非洲绿猴肾细胞	COS-7	中国科学院昆明细胞库
338	恒河猴肾细胞	RM-1	中国科学院昆明细胞库
339	EB 病毒转化的绒猴淋巴细胞	B95-8	中国科学院昆明细胞库
340	兴国鲤尾鳍细胞	XGL	中国科学院昆明细胞库
341	恒河猴肾细胞	MMK2	中国科学院昆明细胞库
342	恒河猴肾细胞	MMK3	中国科学院昆明细胞库
343	家猫肾细胞	CATK1	中国科学院昆明细胞库

344	EB病毒转化的人B淋巴细胞（傣族）	KM9403	中国科学院昆明细胞库
345	EB病毒转化的人B淋巴细胞（傣族）	KM9405	中国科学院昆明细胞库
346	EB病毒转化的人B淋巴细胞（拉祜族）	KM9406	中国科学院昆明细胞库
347	EB病毒转化的人B淋巴细胞（彝族）	HYL	中国科学院昆明细胞库
348	人胚肺二倍体细胞	HEL-2	中国科学院昆明细胞库
349	人羊膜细胞	HAN	中国科学院昆明细胞库
350	中国仓鼠卵巢细胞	CHO	中国科学院昆明细胞库
351	非洲绿猴肾细胞	VERO	中国药品生物制品检定所
352	人胚肺成纤维细胞	MRC-5	中国药品生物制品检定所
353	人胚肺二倍体细胞	2BS	中国药品生物制品检定所
354	人胚肺二倍体细胞	KMB-17	中国药品生物制品检定所
355	人胚肾细胞	293	中国药品生物制品检定所
356	中国仓鼠卵巢细胞K1（亚系克隆）	CHO-K1	中国药品生物制品检定所
357	非洲绿猴肾细胞	VERO-76	中国药品生物制品检定所
358	人肺癌细胞	A549［A-549］	中国药品生物制品检定所
359	人宫颈癌细胞	HeLa S3	中国药品生物制品检定所
360	小鼠胚胎细胞	SC-1	中国药品生物制品检定所
361	小鼠骨髓瘤细胞	Sp2/0-Ag14	中国药品生物制品检定所
362	抗乙型肝炎病毒表面抗原单克隆抗体杂交瘤细胞株	HBS-r6	中国药品生物制品检定所
363	抗丙型肝炎病毒核心抗原单克隆抗体杂交瘤细胞株	HCV-C39	中国药品生物制品检定所
364	抗丙型肝炎病毒NS3抗原单克隆抗体杂交瘤细胞株	HCVNS3-57	中国药品生物制品检定所

365	抗丙型肝炎病毒膜区抗原单克隆抗体杂交瘤细胞株	HCVEA-246	中国药品生物制品检定所
366	抗丙型肝炎病毒NS5抗原单克隆抗体杂交瘤细胞株	NS5	中国药品生物制品检定所
367	抗呼吸道合胞病毒单克隆抗体杂交瘤细胞株	RSV-4C1	中国药品生物制品检定所
368	抗戊型肝炎病毒单克隆抗体杂交瘤细胞株	HEV-4	中国药品生物制品检定所
369	小鼠结缔组织L细胞株929克隆	L-929	中国药品生物制品检定所
370	非洲绿猴肾细胞	CV-1	中国药品生物制品检定所
371	抗人肝癌单抗HAb18	HAb18	第四军医大学细胞工程研究中心
372	抗人转铁蛋白单抗Ferritin-1杂交瘤细胞	Ferritin-1	第四军医大学细胞工程研究中心
373	抗人肝癌单抗F11杂交瘤细胞	F11	第四军医大学细胞工程研究中心
374	抗人谷胱甘肽转移酶单抗FMU-GST 1杂交瘤细胞	FMU-GST 1	第四军医大学细胞工程研究中心
375	抗人环孢菌素A-1杂交瘤细胞	CyPA-1	第四军医大学细胞工程研究中心
376	抗微管蛋白-alpha杂交瘤细胞	tubulin, alpha	第四军医大学细胞工程研究中心
377	醛羧酶A杂交瘤细胞	aldolase A	第四军医大学细胞工程研究中心
378	抗SH3结构域结合蛋白杂交瘤细胞	SH3-domain binding protein	第四军医大学细胞工程研究中心
379	抗肌动蛋白结合蛋白1B杂交瘤细胞	actin binding protein, 1B	第四军医大学细胞工程研究中心

380	抗TATA框结合蛋白交互作用蛋白杂交瘤细胞	TATA box binding protein interacting protein	第四军医大学细胞工程研究中心
381	抗IIA3杂交瘤细胞	IIA3	第四军医大学细胞工程研究中心
382	抗IE9B2F9F4杂交瘤细胞	IE9B2F9F4	第四军医大学细胞工程研究中心
383	抗IIF1D2C8F11杂交瘤细胞	IIF1D2C8F11	第四军医大学细胞工程研究中心
384	抗IIA8杂交瘤细胞	IIA8	第四军医大学细胞工程研究中心
385	抗IG9杂交瘤细胞	IG9	第四军医大学细胞工程研究中心
386	抗IIIE6杂交瘤细胞	IIIE6	第四军医大学细胞工程研究中心
387	抗4D2杂交瘤细胞	4D2	第四军医大学细胞工程研究中心
388	抗4G10杂交瘤细胞	4G10	第四军医大学细胞工程研究中心
389	抗4G11杂交瘤细胞	4G11	第四军医大学细胞工程研究中心
390	抗4E1杂交瘤细胞	4E1	第四军医大学细胞工程研究中心
391	抗2F1杂交瘤细胞	2F1	第四军医大学细胞工程研究中心
392	抗2A3杂交瘤细胞	2A3	第四军医大学细胞工程研究中心
393	抗4D3杂交瘤细胞	4D3	第四军医大学细胞工程研究中心
394	抗3H11G12C8D6杂交瘤细胞	3H11G12C8D6	第四军医大学细胞工程研究中心
395	抗3H8H6B1D1杂交瘤细胞	3H8H6B1D1	第四军医大学细胞工程研究中心
396	抗1C7C1E7B9杂交瘤细胞	1C7C1E7B9	第四军医大学细胞工程研究中心

397	抗 2A1H1D1D4 杂交瘤细胞	2A1H1D1D4	第四军医大学细胞工程研究中心
398	抗 3E11F1D8F9 杂交瘤细胞	3E11F1D8F9	第四军医大学细胞工程研究中心
399	抗 2C8G10D6F9 杂交瘤细胞	2C8G10D6F9	第四军医大学细胞工程研究中心
400	抗 2B2F1E6G3 杂交瘤细胞	2B2F1E6G3	第四军医大学细胞工程研究中心
401	抗 SARS 病毒 N 蛋白杂交瘤细胞	12E9	中国医学科学院基础医学研究所免疫室
402	抗 SARS 病毒 S 蛋白 476-892 片段杂交瘤细胞	2F1	中国医学科学院基础医学研究所免疫室
403	抗 SARS 病毒 S 蛋白 899-1195 片段杂交瘤细胞	2B12	中国医学科学院基础医学研究所免疫室
404	抗乙酰胆碱受体杂交瘤细胞	6c7c	中国医学科学院基础医学研究所免疫室
405	抗补体 C3 杂交瘤细胞	2A10	中国医学科学院基础医学研究所免疫室
406	抗补体 C4 杂交瘤细胞	1A9	中国医学科学院基础医学研究所免疫室
407	抗补体备解素杂交瘤细胞	2D5	中国医学科学院基础医学研究所免疫室
408	抗补体 C1 抑制物杂交瘤细胞	7F12	中国医学科学院基础医学研究所免疫室
409	抗 I 型补体受体杂交瘤细胞	1C4	中国医学科学院基础医学研究所免疫室
410	抗补体 B 因子杂交瘤细胞	8F11	中国医学科学院基础医学研究所免疫室
411	抗补体 I 因子杂交瘤细胞	14D3	中国医学科学院基础医学研究所免疫室
412	抗乳铁蛋白杂交瘤细胞	5B4	中国医学科学院基础医学研究所免疫室

413	抗大鼠 IgG 杂交瘤细胞	6C9	中国医学科学院基础医学研究所免疫室
414	抗肿瘤坏死因子 a 杂交瘤细胞	7A8	中国医学科学院基础医学研究所免疫室
415	抗人 TNFRII 杂交瘤细胞	2H1	中国医学科学院基础医学研究所免疫室
416	抗人 IgE 杂交瘤细胞	2G9	中国医学科学院基础医学研究所免疫室
417	抗人 IgG 杂交瘤细胞	2C4	中国医学科学院基础医学研究所免疫室
418	抗人 IgA 杂交瘤细胞	6E9	中国医学科学院基础医学研究所免疫室
419	抗人白蛋白杂交瘤细胞	7G1	中国医学科学院基础医学研究所免疫室
420	抗人 IgM 杂交瘤细胞	3C6	中国医学科学院基础医学研究所免疫室
421	人宫颈癌细胞	Ca Ski	中国医学科学院基础医学研究所基础医学细胞中心
422	人髓母细胞瘤细胞	D341Med	中国医学科学院基础医学研究所基础医学细胞中心
423	双位点 HC-kit 受体细胞株	DMF7	中国医学科学院基础医学研究所基础医学细胞中心
424	人结肠癌细胞	HCT-8［HRT-18］	中国医学科学院基础医学研究所基础医学细胞中心
425	人子宫内膜腺癌细胞	HEC-1-B	中国医学科学院基础医学研究所基础医学细胞中心
426	小鼠肝癌细胞	Hepa 1-6	中国医学科学院基础医学研究所基础医学细胞中心
427	人胚肺成纤维细胞	CCC-HPF-1	中国医学科学院基础医学研究所基础医学细胞中心
428	人胚皮肤成纤维细胞	CCC-ESF-1	中国医学科学院基础医学研究所基础医学细胞中心
429	人结肠癌细胞	HT-29	中国医学科学院基础医学研究所基础医学细胞中心

430	大鼠小隐窝上皮细胞	IEC-6	中国医学科学院基础医学研究所基础医学细胞中心
431	猪肾细胞	LLC-PK1	中国医学科学院基础医学研究所基础医学细胞中心
432	人巨细胞白血病细胞株	Mo7e	中国医学科学院基础医学研究所基础医学细胞中心
433	人非小细胞肺腺癌	NCI-H157	中国医学科学院基础医学研究所基础医学细胞中心
434	小鼠肥大细胞瘤细胞	P815	中国医学科学院基础医学研究所基础医学细胞中心
435	人前列腺癌细胞	PC-3	中国医学科学院基础医学研究所基础医学细胞中心
436	中国仓鼠卵巢细胞	CHO	中国医学科学院基础医学研究所基础医学细胞中心
437	昆虫卵巢细胞	SF9	中国医学科学院基础医学研究所基础医学细胞中心
438	人红系白血病细胞株	TF1	中国医学科学院基础医学研究所基础医学细胞中心
439	人乳腺导管瘤	UACC812	中国医学科学院基础医学研究所基础医学细胞中心
440	人类原巨核细胞型白血病细胞	UT-7	中国医学科学院基础医学研究所基础医学细胞中心
441	小鼠胚胎成纤维细胞	3T6-Swiss albino	中国医学科学院基础医学研究所基础医学细胞中心
442	人 APP-PS1(C410Y)双基因转染细胞株	7WCY1.0	中国医学科学院基础医学研究所基础医学细胞中心
443	人 APP 基因转染细胞株（CHO）	7WD10	中国医学科学院基础医学研究所基础医学细胞中心
444	人 APP-PS1(M146L)双基因转染细胞株	7WML6.0	中国医学科学院基础医学研究所基础医学细胞中心
445	人 APP-PS1 双基因转染细胞株	7WPS1	中国医学科学院基础医学研究所基础医学细胞中心
446	人恶性黑色素瘤细胞	A-375［A375］	中国医学科学院基础医学研究所基础医学细胞中心
447	人干细胞因子单克隆抗体细胞株	AMS2（SCF3）	中国医学科学院基础医学研究所基础医学细胞中心

448	人 APP-PS1 双基因转染细胞株（HEK293）	APP-PS1	中国医学科学院基础医学研究所基础医学细胞中心
449	人乳腺导管瘤	BT-474	中国医学科学院基础医学研究所基础医学细胞中心
450	小鼠成纤维细胞	C3H 10T1/2 2A6	中国医学科学院基础医学研究所基础医学细胞中心
451	大鼠脑胶质瘤细胞	C6	中国医学科学院基础医学研究所基础医学细胞中心
452	人结肠癌细胞	COLO 205	中国医学科学院基础医学研究所基础医学细胞中心
453	人结肠癌细胞	COLO320DM	中国医学科学院基础医学研究所基础医学细胞中心
454	人 Burkkit 淋巴瘤细胞	Daudi	中国医学科学院基础医学研究所基础医学细胞中心
455	小鼠树突状细胞肉瘤细胞	DCS	中国医学科学院基础医学研究所基础医学细胞中心
456	小鼠淋巴瘤细胞	EL4	中国医学科学院基础医学研究所基础医学细胞中心
457	Asp2 人胚胎肾细胞转化细胞	FC33	中国医学科学院基础医学研究所基础医学细胞中心
458	FIP293（来源于HEK293）	FIP293	中国医学科学院基础医学研究所基础医学细胞中心
459	人胚胎眼巩膜成纤维细胞	HFSF	中国医学科学院基础医学研究所基础医学细胞中心
460	人胚胎眼 Tenon 囊成纤维细胞	HFTF	中国医学科学院基础医学研究所基础医学细胞中心
461	人十二指肠腺癌	HuTu-80	中国医学科学院基础医学研究所基础医学细胞中心
462	小鼠肝细胞	IAR20	中国医学科学院基础医学研究所基础医学细胞中心
463	小鼠前胃癌细胞	MFC	中国医学科学院基础医学研究所基础医学细胞中心
464	新生牛眼晶体上皮细胞	NBLE	中国医学科学院基础医学研究所基础医学细胞中心
465	新生牛眼 Tenon 囊成纤维细胞	NBTF	中国医学科学院基础医学研究所基础医学细胞中心

466	小鼠单核巨噬细胞白血病细胞	RAW 264.7	中国医学科学院基础医学研究所基础医学细胞中心
467	兔角膜后基质层成纤维细胞	RCBBF	中国医学科学院基础医学研究所基础医学细胞中心
468	兔角膜前基质层成纤维细胞	RCFBF	中国医学科学院基础医学研究所基础医学细胞中心
469	大鼠气管上皮细胞	RTE	中国医学科学院基础医学研究所基础医学细胞中心
470	兔眼 Tenon 囊成纤维细胞	RYTF	中国医学科学院基础医学研究所基础医学细胞中心
471	E 转化人胚肾 293 细胞	293E	中国医学科学院基础医学研究所基础医学细胞中心
472	人鼻咽癌细胞	CNE-2Z	中国医学科学院基础医学研究所基础医学细胞中心
473	ET 转化人胚肾 293 细胞	293ET	中国医学科学院基础医学研究所基础医学细胞中心
474	KB 转化人胚肾 293 细胞	293KB	中国医学科学院基础医学研究所基础医学细胞中心
475	小鼠胚胎成纤维细胞	3T3-L1	中国医学科学院基础医学研究所基础医学细胞中心
476	人胎盘绒膜癌细胞	BeWo	中国医学科学院基础医学研究所基础医学细胞中心
477	SV40 转化的非洲绿猴肾细胞	COS-1	中国医学科学院基础医学研究所基础医学细胞中心
478	人结肠癌细胞	HCT 116	中国医学科学院基础医学研究所基础医学细胞中心
479	人肾皮质近曲小管上皮细胞	HK-2	中国医学科学院基础医学研究所基础医学细胞中心
480	人胚肾上皮细胞	HKC	中国医学科学院基础医学研究所基础医学细胞中心
481	人 T 淋巴瘤转基因细胞	Jurkat D，E	中国医学科学院基础医学研究所基础医学细胞中心
482	人 T 淋巴瘤细胞 Jurkat 亚系	Jurkat77	中国医学科学院基础医学研究所基础医学细胞中心
483	人口腔癌细胞	KB	中国医学科学院基础医学研究所基础医学细胞中心

编号	名称	代号	来源
484	人结肠癌细胞	LoVo	中国医学科学院基础医学研究所基础医学细胞中心
485	人结肠腺癌细胞	SW480［SW-480］	中国医学科学院基础医学研究所基础医学细胞中心
486	急性T淋巴细胞白血病细胞	TALL-104	中国医学科学院基础医学研究所基础医学细胞中心
487	小鼠乳腺癌细胞	CCC-Ca761-03	中国医学科学院基础医学研究所基础医学细胞中心
488	Sars结构蛋白表达株	293 001A	中国医学科学院基础医学研究所基础医学细胞中心
489	Sars结构蛋白表达株	293 001B	中国医学科学院基础医学研究所基础医学细胞中心
490	Sars结构蛋白表达株	293sars181A	中国医学科学院基础医学研究所基础医学细胞中心
491	人肾癌细胞	A498	中国医学科学院基础医学研究所基础医学细胞中心
492	人宫颈癌细胞	C-33A	中国医学科学院基础医学研究所基础医学细胞中心
493	人胚胎膀胱组织来源细胞	CCC-HB-2	中国医学科学院基础医学研究所基础医学细胞中心
494	人胚胎气管组织来源细胞	CCC-HBE-2	中国医学科学院基础医学研究所基础医学细胞中心
495	人胚肾二倍体细胞	CCC-HEK-1	中国医学科学院基础医学研究所基础医学细胞中心
496	人胚肝二倍体细胞	CCC-HEL-1	中国医学科学院基础医学研究所基础医学细胞中心
497	人胚胎心肌组织来源细胞	CCC-HEH-2	中国医学科学院基础医学研究所基础医学细胞中心
498	人胚胎肠黏膜组织来源细胞	CCC-HIE-2	中国医学科学院基础医学研究所基础医学细胞中心
499	人胚胎胰腺组织来源细胞	CCC-HPE-2	中国医学科学院基础医学研究所基础医学细胞中心
500	人胚胎肌肉组织来源细胞	CCC-HSM-2	中国医学科学院基础医学研究所基础医学细胞中心
501	抗SARS病毒N蛋白杂交瘤细胞	S 01	中国医学科学院基础医学研究所细胞生物室

502	抗SARS病毒N蛋白杂交瘤细胞	S 02	中国医学科学院基础医学研究所细胞生物室
503	抗SARS病毒N蛋白杂交瘤细胞	S 03	中国医学科学院基础医学研究所细胞生物室
504	抗赭曲霉毒素A杂交瘤细胞	Z01	中国医学科学院基础医学研究所细胞生物室
505	抗黄曲霉毒素B1杂交瘤细胞	B01	中国医学科学院基础医学研究所细胞生物室
506	抗CEA杂交瘤细胞	C1	中国医学科学院基础医学研究所细胞生物室
507	抗CEA杂交瘤细胞	C2	中国医学科学院基础医学研究所细胞生物室
508	抗肝细胞生长因子（HGF）杂交瘤细胞	HGF1	中国医学科学院基础医学研究所细胞生物室
509	抗肝细胞生长因子（HGF）杂交瘤细胞	HGF2	中国医学科学院基础医学研究所细胞生物室
510	抗抗人垂体泌乳素杂交瘤细胞	PRL1	中国医学科学院基础医学研究所细胞生物室
511	抗抗人垂体泌乳素杂交瘤细胞	PRL2	中国医学科学院基础医学研究所细胞生物室
512	抗精核蛋白杂交瘤细胞	HP1	中国医学科学院基础医学研究所细胞生物室
513	抗精核蛋白杂交瘤细胞	HP2	中国医学科学院基础医学研究所细胞生物室
514	抗精核蛋白杂交瘤细胞	HP3	中国医学科学院基础医学研究所细胞生物室
515	抗吗啡杂交瘤细胞	D7	中国医学科学院基础医学研究所细胞生物室
516	抗孕酮杂交瘤细胞	P01	中国医学科学院基础医学研究所细胞生物室
517	抗睾酮杂交瘤细胞	T01	中国医学科学院基础医学研究所细胞生物室
518	抗人绒毛膜促性腺激素a杂交瘤细胞	H80X	中国医学科学院基础医学研究所细胞生物室
519	抗人绒毛膜促性腺激素b杂交瘤细胞	H10X	中国医学科学院基础医学研究所细胞生物室

520	抗人绒毛膜促性腺激素杂交瘤细胞	HN4	中国医学科学院基础医学研究所细胞生物室
521	中国仓鼠肺细胞	CHL	中国科学院上海生命科学研究院细胞资源中心
522	中国仓鼠卵巢细胞	CHO	中国科学院上海生命科学研究院细胞资源中心
523	仓鼠体细胞	R 1610	中国科学院上海生命科学研究院细胞资源中心
524	仓鼠肺细胞	V79	中国科学院上海生命科学研究院细胞资源中心
525	人EB病毒转化的B细胞	CGM1	中国科学院上海生命科学研究院细胞资源中心
526	人羊膜细胞	HA	中国科学院上海生命科学研究院细胞资源中心
527	人胚肺成纤维细胞	HFL-I	中国科学院上海生命科学研究院细胞资源中心
528	人肝细胞	HL-7702［L-02］	中国科学院上海生命科学研究院细胞资源中心
529	人肝细胞	QSG-7701	中国科学院上海生命科学研究院细胞资源中心
530	人张氏肝细胞	Chang liver	中国科学院上海生命科学研究院细胞资源中心
531	人整合SV40基因的乳腺上皮细胞	HBL-100	中国科学院上海生命科学研究院细胞资源中心
532	人羊膜细胞	WISH	中国科学院上海生命科学研究院细胞资源中心
533	小鼠胚胎成纤维细胞	3T6-Swiss albino	中国科学院上海生命科学研究院细胞资源中心
534	小鼠巨噬细胞	Ana-1	中国科学院上海生命科学研究院细胞资源中心
535	小鼠胚胎成纤维细胞	BALB/3T3 clone A31	中国科学院上海生命科学研究院细胞资源中心
536	小鼠T细胞	CTLL-2	中国科学院上海生命科学研究院细胞资源中心
537	小鼠Mo-MuLv感染的3T3细胞	Mo-MuLV/3T3	中国科学院上海生命科学研究院细胞资源中心

538	小鼠 SRSV 转化的 3T3 细胞	SRSV/3T3	中国科学院上海生命科学研究院细胞资源中心
539	小鼠成纤维细胞	L929	中国科学院上海生命科学研究院细胞资源中心
540	小鼠 B 淋巴细胞	WEHI 231	中国科学院上海生命科学研究院细胞资源中心
541	小鼠肾上腺皮质细胞	Y1	中国科学院上海生命科学研究院细胞资源中心
542	SV40 转化的非洲绿猴肾细胞	COS-1	中国科学院上海生命科学研究院细胞资源中心
543	EB 病毒转化的绒猴淋巴细胞	B95-8	中国科学院上海生命科学研究院细胞资源中心
544	牛胚气管细胞	EBTr (NBL-4)	中国科学院上海生命科学研究院细胞资源中心
545	恒河猴肾细胞	LLC-MK2	中国科学院上海生命科学研究院细胞资源中心
546	牛肾细胞	MDBK	中国科学院上海生命科学研究院细胞资源中心
547	貂肺上皮细胞	Mv.1.Lu (NBL-7)	中国科学院上海生命科学研究院细胞资源中心
548	非洲绿猴肾细胞	CV-1	中国科学院上海生命科学研究院细胞资源中心
549	猴脉络膜-视网膜（内皮）细胞	RF/6A	中国科学院上海生命科学研究院细胞资源中心
550	猫肾细胞	F81	中国科学院上海生命科学研究院细胞资源中心
551	小鼠肾细胞	Pt K1 (NBL-3)	中国科学院上海生命科学研究院细胞资源中心
552	大鼠肝细胞	BRL	中国科学院上海生命科学研究院细胞资源中心
553	大鼠肾细胞	NRK	中国科学院上海生命科学研究院细胞资源中心
554	大鼠肝细胞	BRL 3A	中国科学院上海生命科学研究院细胞资源中心
555	大鼠心肌细胞	H9c2 (2-1)	中国科学院上海生命科学研究院细胞资源中心

556	人膀胱癌细胞	5637	中国科学院上海生命科学研究院细胞资源中心
557	人T细胞白血病细胞	6T-CEM	中国科学院上海生命科学研究院细胞资源中心
558	人肾透明细胞腺癌细胞	786-0 [786-0]	中国科学院上海生命科学研究院细胞资源中心
559	人恶性黑色素瘤细胞	A-375 [A375]	中国科学院上海生命科学研究院细胞资源中心
560	人横纹肌肉瘤细胞	A-673	中国科学院上海生命科学研究院细胞资源中心
561	人胃腺癌细胞	AGS	中国科学院上海生命科学研究院细胞资源中心
562	人转移胰腺腺癌细胞	AsPC-1	中国科学院上海生命科学研究院细胞资源中心
563	人乳腺癌细胞	Bcap-37	中国科学院上海生命科学研究院细胞资源中心
564	人肝癌细胞	BEL-7402	中国科学院上海生命科学研究院细胞资源中心
565	人胃腺癌细胞	BGC-823	中国科学院上海生命科学研究院细胞资源中心
566	人鼻咽癌细胞	CNE	中国科学院上海生命科学研究院细胞资源中心
567	人结肠癌细胞	COLO 320DM	中国科学院上海生命科学研究院细胞资源中心
568	人结肠癌细胞	CW-2	中国科学院上海生命科学研究院细胞资源中心
569	人胆囊癌细胞	GBC-SD	中国科学院上海生命科学研究院细胞资源中心
570	人胆管细胞型肝癌细胞	HCCC-9810	中国科学院上海生命科学研究院细胞资源中心
571	人结肠癌细胞	HCT-8 [HRT-18]	中国科学院上海生命科学研究院细胞资源中心
572	人宫颈癌细胞	HeLa 229	中国科学院上海生命科学研究院细胞资源中心

573	人喉癌上皮细胞	HEp-2	中国科学院上海生命科学研究院细胞资源中心
574	人胃癌细胞	HGC-27	中国科学院上海生命科学研究院细胞资源中心
575	人卵巢癌细胞	HO-8910	中国科学院上海生命科学研究院细胞资源中心
576	人高转移卵巢癌细胞	HO-8910PM	中国科学院上海生命科学研究院细胞资源中心
577	人T淋巴细胞白血病细胞	HuT 78	中国科学院上海生命科学研究院细胞资源中心
578	人食管癌细胞	JAR	中国科学院上海生命科学研究院细胞资源中心
579	人慢性髓系白血病细胞	K562	中国科学院上海生命科学研究院细胞资源中心
580	人肾上腺神经母细胞瘤细胞（脑转移）	KP-N-NS	中国科学院上海生命科学研究院细胞资源中心
581	人肺腺癌细胞	LTEP-a-2	中国科学院上海生命科学研究院细胞资源中心
582	人肺腺癌细胞	Lu-165	中国科学院上海生命科学研究院细胞资源中心
583	人乳腺癌细胞	MDA-MB-453	中国科学院上海生命科学研究院细胞资源中心
584	人急性淋巴母细胞性白血病细胞	MOLT-4	中国科学院上海生命科学研究院细胞资源中心
585	人小细胞肺癌细胞	NCI-H446	中国科学院上海生命科学研究院细胞资源中心
586	人大细胞肺癌细胞	NCI-H460［H460］	中国科学院上海生命科学研究院细胞资源中心
587	人肾癌细胞	OS-RC-2	中国科学院上海生命科学研究院细胞资源中心
588	人肝癌细胞	QGY-7701	中国科学院上海生命科学研究院细胞资源中心
589	人肝癌细胞	QGY-7703	中国科学院上海生命科学研究院细胞资源中心

590	黑人 Burkitt 淋巴瘤细胞	RAJI	中国科学院上海生命科学研究院细胞资源中心
591	人恶性胚胎横纹肌瘤细胞	RD	中国科学院上海生命科学研究院细胞资源中心
592	人胃腺癌细胞	SGC-7901	中国科学院上海生命科学研究院细胞资源中心
593	人胶质瘤细胞	SHG-44	中国科学院上海生命科学研究院细胞资源中心
594	人神经上皮瘤细胞	SK-N-MC	中国科学院上海生命科学研究院细胞资源中心
595	人肝癌细胞	SMMC-7721	中国科学院上海生命科学研究院细胞资源中心
596	人组织细胞淋巴瘤细胞	U937	中国科学院上海生命科学研究院细胞资源中心
597	人食管癌细胞	TE-1	中国科学院上海生命科学研究院细胞资源中心
598	人食管癌细胞	TE-10	中国科学院上海生命科学研究院细胞资源中心
599	人食管癌细胞	TE-11	中国科学院上海生命科学研究院细胞资源中心
600	人肺扁平上皮癌细胞	QG-56	中国科学院上海生命科学研究院细胞资源中心
601	人结肠腺癌细胞	RKO	中国科学院上海生命科学研究院细胞资源中心
602	人结肠癌转基因细胞	RKO-AS45-1	中国科学院上海生命科学研究院细胞资源中心
603	人结肠癌转基因细胞	RKO-E6	中国科学院上海生命科学研究院细胞资源中心
604	小鼠垂体瘤细胞（分泌促生长激素分泌激素）	AtT-20	中国科学院上海生命科学研究院细胞资源中心
605	小鼠睾丸畸胎瘤细胞	F9	中国科学院上海生命科学研究院细胞资源中心
606	小鼠白血病克隆细胞系	L6565	中国科学院上海生命科学研究院细胞资源中心

607	小鼠肺癌细胞	LLC	中国科学院上海生命科学研究院细胞资源中心
608	小鼠睾丸间质细胞瘤细胞	MLTC-1	中国科学院上海生命科学研究院细胞资源中心
609	小鼠骨髓瘤细胞	P3X63Ag8	中国科学院上海生命科学研究院细胞资源中心
610	小鼠骨髓瘤细胞	P3X63Ag8.653	中国科学院上海生命科学研究院细胞资源中心
611	小鼠淋巴瘤细胞	P388D1	中国科学院上海生命科学研究院细胞资源中心
612	小鼠肥大细胞瘤细胞	P815	中国科学院上海生命科学研究院细胞资源中心
613	小鼠前列腺癌细胞	RM-1	中国科学院上海生命科学研究院细胞资源中心
614	小鼠腹水瘤细胞	S-180	中国科学院上海生命科学研究院细胞资源中心
615	小鼠腹水瘤细胞	SAC-Ⅱb2	中国科学院上海生命科学研究院细胞资源中心
616	小鼠腹水瘤细胞	SAC-ⅡC3	中国科学院上海生命科学研究院细胞资源中心
617	小鼠骨髓瘤细胞	SP2/0	中国科学院上海生命科学研究院细胞资源中心
618	小鼠淋巴瘤细胞	EL4.IL-2	中国科学院上海生命科学研究院细胞资源中心
619	大鼠肝癌细胞	CBRH-7919	中国科学院上海生命科学研究院细胞资源中心
620	仓鼠肝癌细胞	RH-35	中国科学院上海生命科学研究院细胞资源中心
621	草鱼肾细胞	GIK	中国典型培养物保藏中心细胞库
622	人胚肺二倍体细胞系	HL	中国典型培养物保藏中心细胞库
623	人皮肤鳞癌细胞	A-431	中国典型培养物保藏中心细胞库
624	草鱼肝脏细胞	L8824	中国典型培养物保藏中心细胞库

625	草鱼肾细胞	GIK	中国典型培养物保藏中心细胞库
626	团头鲂尾鳍细胞	WCF	中国典型培养物保藏中心细胞库
627	白鲢尾鳍细胞系	SCF	中国典型培养物保藏中心细胞库
628	散鳞镜鲤尾鳍细胞系	YZ21	中国典型培养物保藏中心细胞库
629	鲤鱼尾鳍细胞系	YZ16	中国典型培养物保藏中心细胞库
630	BALB/C 小鼠肝癌细胞	H22	中国典型培养物保藏中心细胞库
631	小鼠纤维肉瘤细胞	WEHI 164	中国典型培养物保藏中心细胞库
632	人神经胶质细胞瘤细胞	U251	中国典型培养物保藏中心细胞库
633	人前列腺癌细胞	PC-3	中国典型培养物保藏中心细胞库
634	人急性单核细胞白血病细胞	THP-1	中国典型培养物保藏中心细胞库
635	大鼠肝细胞瘤	H4-II-E	中国典型培养物保藏中心细胞库
636	人纤维肉瘤细胞	HT-1080	中国典型培养物保藏中心细胞库
637	人宫颈癌上皮细胞	Ca Ski	中国典型培养物保藏中心细胞库
638	人卵巢腺癌细胞系	SW626	中国典型培养物保藏中心细胞库
639	人子宫内膜腺癌细胞系	RL95-2	中国典型培养物保藏中心细胞库
640	人子宫内膜腺癌细胞	KLE	中国典型培养物保藏中心细胞库
641	人乳头状卵巢腺癌细胞	Caov-3	中国典型培养物保藏中心细胞库
642	人卵巢腺癌细胞	OVCAR-3	中国典型培养物保藏中心细胞库

643	小鼠杂交瘤细胞	W6/32	中国典型培养物保藏中心细胞库
644	大鼠肾小球系膜细胞系	HBZY-1	中国典型培养物保藏中心细胞库
645	大鼠乳腺腺癌细胞系	MADB106	中国典型培养物保藏中心细胞库
646	小鼠肉瘤细胞系	S-180-S2D9	中国典型培养物保藏中心细胞库
647	小鼠肝癌细胞	H22-H8D8	中国典型培养物保藏中心细胞库
648	小鼠腹水瘤细胞	EAC-E2G8	中国典型培养物保藏中心细胞库
649	人结肠癌细胞	LS 174T	中国典型培养物保藏中心细胞库
650	小鼠淋巴瘤细胞	EL4	中国典型培养物保藏中心细胞库
651	小鼠单核巨噬细胞白血病细胞	RAW 264.7	中国典型培养物保藏中心细胞库
652	人宫颈癌细胞	C-33 A	中国典型培养物保藏中心细胞库
653	人肝癌细胞	SK-HEP-1	中国典型培养物保藏中心细胞库
654	大鼠胰腺肿瘤细胞系	AR42J	中国典型培养物保藏中心细胞库
655	人结肠腺癌细胞	HT-29	中国典型培养物保藏中心细胞库
656	人肾皮质近曲小管上皮细胞	HK-2	中国典型培养物保藏中心细胞库
657	人结肠癌细胞	Caco-2	中国典型培养物保藏中心细胞库
658	人脐静脉内皮细胞	HUV-EC-C	中国典型培养物保藏中心细胞库

659	人小细胞肺癌细胞	DMS 153	中国典型培养物保藏中心细胞库
660	小鼠神经母细胞瘤细胞与大鼠胶质瘤细胞之融合细胞	NG108-15 [108CC15]	中国典型培养物保藏中心细胞库
661	人舌癌细胞	Tca8113-P60	中国典型培养物保藏中心细胞库
662	人舌癌细胞	Tca8113-P160	中国典型培养物保藏中心细胞库
663	小鼠成肌细胞	C2C12	中国典型培养物保藏中心细胞库
664	小鼠单核巨噬细胞	J774A.1	中国典型培养物保藏中心细胞库
665	小鼠小脑组织细胞	C8-D1A	中国典型培养物保藏中心细胞库
666	人前列腺上皮细胞系	RWPE-1	中国典型培养物保藏中心细胞库
667	人前列腺正常细胞系	RWPE-2	中国典型培养物保藏中心细胞库
668	小鼠胚胎成纤维细胞	3T3-L1	中国典型培养物保藏中心细胞库
669	犬肾细胞系/野生型	MDCK/wild	中国典型培养物保藏中心细胞库
670	犬肾细胞系/IgR	MDCK/IgR	中国典型培养物保藏中心细胞库
671	人男性正常龟头细胞	Hs68	中国典型培养物保藏中心细胞库
672	非洲绿猴肾细胞系/IgR	VERO/IgR	中国典型培养物保藏中心细胞库
673	非洲绿猴肾细胞系/IgRCD4$^+$	VERO/IgRCD4$^+$	中国典型培养物保藏中心细胞库
674	非洲绿猴肾细胞系/IgRCD4$^-$	VERO/IgRCD4$^-$	中国典型培养物保藏中心细胞库
675	小鼠杂交瘤细胞	D19	中国典型培养物保藏中心细胞库

676	小鼠杂交瘤细胞	16DC9	中国典型培养物保藏中心细胞库
677	小鼠杂交瘤细胞	D61-18，IgA	中国典型培养物保藏中心细胞库
678	小鼠杂交瘤细胞	19GD6	中国典型培养物保藏中心细胞库
679	小鼠杂交瘤细胞	D10-G/u	中国典型培养物保藏中心细胞库
680	小鼠杂交瘤细胞	16AC5	中国典型培养物保藏中心细胞库
681	小鼠杂交瘤细胞	10EF10	中国典型培养物保藏中心细胞库
682	小鼠杂交瘤细胞	D47-u	中国典型培养物保藏中心细胞库
683	小鼠杂交瘤细胞	D10-1A/u	中国典型培养物保藏中心细胞库
684	小鼠杂交瘤细胞	19DF10	中国典型培养物保藏中心细胞库
685	小鼠杂交瘤细胞	D61-NEW	中国典型培养物保藏中心细胞库
686	小鼠杂交瘤细胞	I41	中国典型培养物保藏中心细胞库
687	小鼠杂交瘤细胞	D47-AF，IgA	中国典型培养物保藏中心细胞库
688	小鼠杂交瘤细胞	16DC9-A	中国典型培养物保藏中心细胞库
689	小鼠杂交瘤细胞	T33-22A	中国典型培养物保藏中心细胞库
690	小鼠杂交瘤细胞	16CD11-G	中国典型培养物保藏中心细胞库
691	小鼠杂交瘤细胞	16BB5	中国典型培养物保藏中心细胞库
692	小鼠杂交瘤细胞	16CF7	中国典型培养物保藏中心细胞库

693	小鼠杂交瘤细胞	16CD11-A	中国典型培养物保藏中心细胞库
694	小鼠杂交瘤细胞	I41-AG	中国典型培养物保藏中心细胞库
695	小鼠杂交瘤细胞	19HC5	中国典型培养物保藏中心细胞库
696	小鼠杂交瘤细胞	16CF7-A5	中国典型培养物保藏中心细胞库
697	中国仓鼠卵巢癌细胞系/HCV-C	CHO-HCV-C	中国典型培养物保藏中心细胞库
698	中国仓鼠卵巢癌细胞系/HCV-E1	CHO-HCV-E1	中国典型培养物保藏中心细胞库
699	中国仓鼠卵巢癌细胞系/HCV-E2	CHO-HCV-E2	中国典型培养物保藏中心细胞库
700	中国仓鼠卵巢癌细胞系/HCV-p7	CHO-HCV-p7	中国典型培养物保藏中心细胞库
701	中国仓鼠卵巢癌细胞系/HCV-NS2	CHO-HCV-NS2	中国典型培养物保藏中心细胞库
702	中国仓鼠卵巢癌细胞系/HCV-NS3	CHO-HCV-NS3	中国典型培养物保藏中心细胞库
703	中国仓鼠卵巢癌细胞系/HCV-NS4A	CHO-HCV-NS4A	中国典型培养物保藏中心细胞库
704	中国仓鼠卵巢癌细胞系/HCV-NS4B	CHO-HCV-NS4B	中国典型培养物保藏中心细胞库
705	中国仓鼠卵巢癌细胞系/HCV-NS5A	CHO-HCV-NS5A	中国典型培养物保藏中心细胞库
706	中国仓鼠卵巢癌细胞系/HCV-NS5B	CHO-HCV-NS5A	中国典型培养物保藏中心细胞库
707	非洲绿猴肾细胞系/HCV-C	Vero-HCV-C	中国典型培养物保藏中心细胞库
708	非洲绿猴肾细胞系/HCV-E1	Vero-HCV-E1	中国典型培养物保藏中心细胞库
709	非洲绿猴肾细胞系/HCV-E2	Vero-HCV-E2	中国典型培养物保藏中心细胞库

710	非洲绿猴肾细胞系/HCV-p7	Vero-HCV-p7	中国典型培养物保藏中心细胞库
711	非洲绿猴肾细胞系/HCV-NS2	Vero-HCV-NS2	中国典型培养物保藏中心细胞库
712	非洲绿猴肾细胞系/HCV-NS3	Vero-HCV-NS3	中国典型培养物保藏中心细胞库
713	非洲绿猴肾细胞系/HCV-NS4A	Vero-HCV-NS4A	中国典型培养物保藏中心细胞库
714	非洲绿猴肾细胞系/HCV-NS4B	Vero-HCV-NS4B	中国典型培养物保藏中心细胞库
715	非洲绿猴肾细胞系/HCV-NS5A	Vero-HCV-NS5A	中国典型培养物保藏中心细胞库
716	非洲绿猴肾细胞系/HCV-NS5B	Vero-HCV-NS5B	中国典型培养物保藏中心细胞库
717	人乳腺癌细胞	BC-009	中国典型培养物保藏中心细胞库
718	人乳腺癌细胞	BC-019	中国典型培养物保藏中心细胞库
719	人乳腺癌细胞	BC-020	中国典型培养物保藏中心细胞库
720	人乳腺癌细胞	BC-021	中国典型培养物保藏中心细胞库
721	EB病毒转化的人B淋巴细胞	KM933	中国科学院昆明细胞库
722	EB病毒转化的人B淋巴细胞	KM9401	中国科学院昆明细胞库
723	EB病毒转化的人B淋巴细胞	KM9402	中国科学院昆明细胞库
724	EB病毒转化的人B淋巴细胞	KM9801	中国科学院昆明细胞库
725	EB病毒转化的人B淋巴细胞	KM9803	中国科学院昆明细胞库
726	EB病毒转化的人B淋巴细胞	KM0501	中国科学院昆明细胞库
727	人皮肤成纤维细胞	HSAS1	中国科学院昆明细胞库

728	人皮肤成纤维细胞	HSAS2	中国科学院昆明细胞库
729	人皮肤成纤维细胞	HSAS3	中国科学院昆明细胞库
730	人皮肤成纤维细胞	HSAS4	中国科学院昆明细胞库
731	人肺鳞癌细胞	YTMLC-90	中国科学院昆明细胞库
732	人肺癌细胞	A549［A-549］	中国科学院昆明细胞库
733	恒河猴肺细胞	RM-L1	中国科学院昆明细胞库
734	小鼠肺成纤维细胞	WML2	中国科学院昆明细胞库
735	小鼠胚胎细胞	BABL/C-E	中国科学院昆明细胞库
736	中国仓鼠卵巢细胞K1（亚系克隆）	CHO-K1	中国科学院昆明细胞库
737	小鼠乳腺癌细胞	C-127	中国科学院昆明细胞库
738	豚鼠肺细胞	GP-F1	中国科学院昆明细胞库
739	豚鼠皮肤细胞	GP-S1	中国科学院昆明细胞库
740	豚鼠皮肤细胞	GP-S2	中国科学院昆明细胞库
741	豚鼠心肌细胞	GP-H1	中国科学院昆明细胞库
742	豚鼠皮肤细胞	GP-S3	中国科学院昆明细胞库
743	叙利亚仓鼠肌肉细胞	GH-M1	中国科学院昆明细胞库
744	叙利亚仓鼠皮肤细胞	GH-S1	中国科学院昆明细胞库
745	大鼠肺细胞	WTRL1	中国科学院昆明细胞库
746	小耳猪肺细胞	SEP-L1	中国科学院昆明细胞库
747	小耳猪肺细胞	SEP-L2	中国科学院昆明细胞库
748	家猪皮肤细胞	SSC-S1	中国科学院昆明细胞库
749	小香猪皮肤细胞	SSC-S2	中国科学院昆明细胞库
750	家猫肺细胞	FCA-L1	中国科学院昆明细胞库
751	家猫肺细胞	FCA-L2	中国科学院昆明细胞库
752	家猫皮肤细胞	FCA-S1	中国科学院昆明细胞库
753	大耳山羊肺细胞	LDG-1	中国科学院昆明细胞库

754	大耳山羊肾细胞	LDG-2	中国科学院昆明细胞库
755	大耳山羊肾细胞	LDG-3	中国科学院昆明细胞库
756	绵羊肺细胞	OAR-L1	中国科学院昆明细胞库
757	绵羊皮肤细胞	OAR-S1	中国科学院昆明细胞库
758	SV40转化的非洲绿猴肾细胞	COS-1	中国科学院昆明细胞库
759	恒河猴肾细胞	RM-2	中国科学院昆明细胞库
760	EB病毒转化的绒猴淋巴细胞	B95-8	中国科学院昆明细胞库
761	恒河猴肾细胞	RM-3	中国科学院昆明细胞库
762	恒河猴皮肤细胞	RM-S1	中国科学院昆明细胞库
763	家兔皮肤细胞	DR-S1	中国科学院昆明细胞库
764	大额牛肾细胞	BFR-K1	中国科学院昆明细胞库
765	大额牛肺细胞	BFR-L1	中国科学院昆明细胞库
766	大额牛皮肤细胞	BFR-S3	中国科学院昆明细胞库
767	黄牛皮肤细胞	BTA-S2	中国科学院昆明细胞库
768	瘤牛皮肤细胞	BIN-S1	中国科学院昆明细胞库
769	牦牛皮肤细胞	BMU-S1	中国科学院昆明细胞库
770	盘羊皮肤细胞	OAM-S1	中国科学院昆明细胞库
771	抗1H7G10D10F7杂交瘤细胞	1H7G10D10F7	第四军医大学细胞工程研究中心
772	抗1D5H12F1A7杂交瘤细胞	1D5H12F1A7	第四军医大学细胞工程研究中心
773	抗IIID12杂交瘤细胞	IIID12	第四军医大学细胞工程研究中心
774	抗3B10杂交瘤细胞	3B10	第四军医大学细胞工程研究中心
775	抗1C9H6F2C1杂交瘤细胞	1C9H6F2C1	第四军医大学细胞工程研究中心

776	抗 3H8H6B1D1 杂交瘤细胞	3H8H6B1D1	第四军医大学细胞工程研究中心
777	抗 1F8G5D6D2 杂交瘤细胞	1F8G5D6D2	第四军医大学细胞工程研究中心
778	抗 2H7 杂交瘤细胞	2H7	第四军医大学细胞工程研究中心
779	抗 IE6-A2 杂交瘤细胞	IE6-A2	第四军医大学细胞工程研究中心
780	疱疹病毒杂交瘤细胞	C5Mcab	第四军医大学细胞工程研究中心
781	抗人大肠癌杂交瘤细胞	CYL-1	第四军医大学细胞工程研究中心
782	抗人大肠癌杂交瘤细胞	CYL-2	第四军医大学细胞工程研究中心
783	抗人大肠癌杂交瘤细胞	CYL-3	第四军医大学细胞工程研究中心
784	抗人大肠癌杂交瘤细胞	CYL-4	第四军医大学细胞工程研究中心
785	抗人大肠癌杂交瘤细胞	CYL-5	第四军医大学细胞工程研究中心
786	抗 1H7G10D10F7 杂交瘤细胞	1H7G10D10F7	第四军医大学细胞工程研究中心
787	抗 1D5H12F1A7 杂交瘤细胞	1D5H12F1A7	第四军医大学细胞工程研究中心
788	抗 IIID12 杂交瘤细胞	IIID12	第四军医大学细胞工程研究中心
789	抗 3B10 杂交瘤细胞	3B10	第四军医大学细胞工程研究中心
790	抗 1C9H6F2C1 杂交瘤细胞	1C9H6F2C1	第四军医大学细胞工程研究中心
791	抗人 pirin 杂交瘤细胞	NOG-1B2	第四军医大学细胞工程研究中心
792	抗人 EIFIAY 杂交瘤细胞	B4B5C5	第四军医大学细胞工程研究中心

793	抗人 Nigo 杂交瘤细胞	IF4G7NOGO（抗原名称：Nigo）	第四军医大学细胞工程研究中心
794	抗人 ORM1-like2 杂交瘤细胞	ⅠE3-A10（抗原名称：ORM1-like2）	四军医大学细胞工程研究中心
795	抗 NADH 脱氢酶亚单位 1 杂交瘤细胞	LP-NADH-F11［抗原名称：NADH 脱氢酶亚单位 1］	第四军医大学细胞工程研究中心
796	抗人微管 a 蛋白杂交瘤细胞	2C10/D7/B5/B2［抗原名称：tublin alpha（微管 a 蛋白）］	第四军医大学细胞工程研究中心
797	抗人 BCS1-like 杂交瘤细胞	1C3/C12/A2（抗原名称：BCS1-like）	第四军医大学细胞工程研究中心
798	抗人 fusion 杂交瘤细胞	1F4/E6/A2（抗原名称：fusion）	第四军医大学细胞工程研究中心
799	抗人 glypican precusor protein 杂交瘤细胞	3A11/C7/H4/D5（抗原名称：glypican precusor protein）	第四军医大学细胞工程研究中心
800	抗人 TATA 框结合蛋白反应蛋白杂交瘤细胞	1E2/D6(抗原名称：TATA box binding protein interaction protein)	第四军医大学细胞工程研究中心
801	IL-2 依赖的人淋巴 T 细胞系	Kit225	中国药品生物制品检定所
802	非小细胞肺癌细胞	H125	中国药品生物制品检定所
803	人乳腺导管瘤	BT-474	中国药品生物制品检定所
804	人脐静脉内皮细胞	HUV-EC	中国药品生物制品检定所
805	黑人 Burkitt 淋巴瘤细胞	RAJI	中国药品生物制品检定所
806	人慢性髓系白血病细胞	K562	中国药品生物制品检定所
807	人 T 细胞白血病细胞	C8166	中国药品生物制品检定所

808	人急性骨髓白血病细胞	KG-1a	中国药品生物制品检定所
809	小鼠纤维肉瘤细胞	WEHI-13VAR	中国药品生物制品检定所
810	人结直肠癌细胞	DiFi	中国药品生物制品检定所
811	人T淋巴瘤细胞	HUT 102	中国药品生物制品检定所
812	人B淋巴细胞	WIL2-S	中国药品生物制品检定所
813	叙利亚仓鼠肾细胞	BHK-21	中国药品生物制品检定所
814	小鼠胚胎成纤维细胞	NIH/3T3	中国药品生物制品检定所
815	抗肺炎支原体单克隆抗杂交瘤细胞株	MP-H5	中国药品生物制品检定所
816	抗克罗特罗毒素单克隆抗体杂交瘤细胞株	CL	中国药品生物制品检定所
817	抗青霉素单克隆抗体杂交瘤细胞株	PenS-4C1	中国药品生物制品检定所
818	抗副甲型沙门氏菌单克隆抗体杂交瘤细胞株	PaSh-D3D7	中国药品生物制品检定所

(截止到2007年10月)